ChatGPT AutoGPT 与10亿岗位冲击

王骥 著

GPT-4、GPT-5等迭代和AIGC、AGI生存

【掌握前沿与AI工具，便能掌控AI与命运】

華文出版社
SINO-CULTURE PRESS

图书在版编目（CIP）数据

ChatGPT、AutoGPT与10亿岗位冲击 ：GPT-4、GPT-5等迭代和AIGC、AGI生存 / 王骥著. -- 北京 ：华文出版社，2023.6

ISBN 978-7-5075-5817-3

Ⅰ. ①C… Ⅱ. ①王… Ⅲ. ①人工智能－普及读物 Ⅳ. ①TP18-49

中国国家版本馆CIP数据核字(2023)第102667号

ChatGPT、AutoGPT 与 10 亿岗位冲击：GPT-4、GPT-5 等迭代和 AIGC、AGI 生存

著　　者：王　骥
策划编辑：杨艳丽
责任编辑：袁　博
出版发行：华文出版社
地　　址：北京市西城区广安门外大街 305 号 8 区 2 号楼
邮政编码：100055
网　　址：http://www.hwcbs.cn
电　　话：总编室　010-58336210　编辑部　010-58336191
发行部　010-58336267　010-58336202
经　　销：新华书店
印　　刷：三河市航远印刷有限公司
开　　本：880mm×1230mm　1/32
印　　张：6.875
字　　数：150 千字
版　　次：2023 年 6 月第 1 版
印　　次：2023 年 6 月第 1 次印刷
标准书号：ISBN 978-7-5075-5817-3
定　　价：68.00 元

目录

第一章　横空出世的ChatGPT与AutoGPT

继2023年新年前后火爆全球的ChatGPT之后，4月初开始，一款名叫AutoGPT的GPT-4应用再度火爆互联网，甚至有人喊出“一夜醒来，ChatGPT已经过时，AutoGPT才是未来！”那么,AutoGPT到底有多“厉害”，为何让人有“恐怖”之感?

一位让AutoGPT撰写过一篇“研究报告”的编程师这样说，他看到AutoGPT经过“思考”，理出头绪，接着开始操作他的电脑，自动选择谷歌（Google）引擎（使用第三方工具），搜索资料，并打开一个个网页，开始有选择性地阅读文献，同时在文本框中写下拟用于报告的“阅读纪要或笔记”，然后再按照它自己设定的“文案框架”写出一篇较有质量的报告，最后将报告存放在指定的文件夹里（整个自动过程耗时仅8分钟），他从内心深处感到了某种“恐怖”。

这个AutoGPT是一个实验性应用，属于GPT-4完全自主运行的首批示例之一，展示的是超大语言模型GPT-4的强大功能。该程序与ChatGPT最大的不同在于：后者需要在人类一步一步的指令下运行，如同你在搜索引擎上搜索知识和词条一样；而前者由GPT-4的应用程序编程接口（API）驱动，将其与大语言模型的“思想”链接在一起，能联网，能读写数据和文件，能记忆已经做完了哪些步骤和做了什么工作等，从而自动执行、修改和实现用户设定的如开发代码等业务流程及众多目标。

简单来说，AutoGPT相当于给GPT-4配备了“身体和四肢”，同时注入了“思想”，从而使其具备了类似人类一样“思考、计划、执行、记忆与完善事项”的能力，尽管从目前来看，这些能力还表现得非常初级。

一、奇点忧虑：ChatGPT、GPT-4 和 AutoGPT

2022年12月，在ChatGPT风潮逐步席卷全球时，一位产业投资人如此描述：“一场针对人工智能（Artificial Intelligence，AI）的‘完美风暴’正在形成。”

> 一时间，街头巷尾都在热议一个叫作ChatGPT的产品，ChatGPT相关概念股一度猛涨。……在经历了2016年由AlphaGo击败李世石而掀起的AI浪潮后，AI行业沉寂良久，上一波浪潮里起来的AI算法公司，在硬件化和数据的泥沼里寻找出路，这么多年，AI行业太需要一个现象级的故事了。ChatGPT的出现，就如同点亮了灯泡，让这个行业再度以如此高光的姿态回到公众视野。只是，与上一波AI浪潮不同，这次的主角，从谷歌的AlphaGo，变为微软的OpenAI。风吹得太快了。[①]

① 齐健、陈伊凡：《ChatGPT引爆新一轮科技军备赛》，虎嗅APP，2023年2月8日，https://www.thepaper.cn/newsDetail_forward_21843001。

这位产业投资人当时感慨“风吹得太快了”，现在看来，那根本算不了什么。

在ChatGPT发布后不到4个月，2023年3月14日，功能碾压ChatGPT的超大语言模型GPT-4横空出世；而仅仅过去2天，3月16日，“恐怖”的AutoGPT的原身EntreprenurGPT便面世了。这种超级速度印证了“人工智能的发展不是线性的，在某些时候它会裂变，甚至出现指数级别的成长”的业界结论。

ChatGPT、GPT-4和AutoGPT的相继问世，一次又一次地点燃了人们对通用人工智能（Artificial General Intelligence，AGI）的期许、担忧和恐惧……

电影《生化危机》描述了一个名叫“红后”的超级人工智能。浣熊市遭遇丧尸袭击沦陷后，“红后”突破各种束缚，接管了浣熊市的所有系统，并自动开启了将浣熊市所有生物无差别灭绝的清理计划。虽然最后人类营救小分队通过层层险阻，最终关闭了“红后”，终止了这项残忍的杀戮，人类也因此付出了巨大而惨痛的代价。

过去本以为只能在电影中才能看到的科技，如今真正出现在了现实生活之中，即AutoGPT这类具备自主运行、记忆反思、知识更新和递归完善等能力的科技。如果有一天，某种超级人工智能应用（比如AutoGPT、BabyAGI等应用的超级迭代版）将ChatGPT这类机器人与杀伤性系统相结合，谁能保证其不会成为下一个“红后”呢?

关于GPT-4和AutoGPT的内涵、特征和应用，以及它们对人们工作和生活的影响，人们该何去何从，如何选择最佳应对策略等，我们将在本书的第十章至第十二章展开详细讨论。接下来，我们先围绕ChatGPT开启本书的“科普”主题。因为ChatGPT是由GPT的迭代产品GPT-3.5训练而成，而GPT-4、AutoGPT等模型应用产生的基础、发展过程及其所涉及的人工智能概念、技术等几乎都是相通的，甚至绝大部分都是重合的，所以，了解、厘清ChatGPT的成长历史，以及围绕它的众多前沿概念、技术、应用场景及其对人类的影响、冲击等，便能大致弄懂AutoGPT、BabyAGI、GPT-4甚至GPT-5的前世今生了。

二、惊艳出场

ChatGPT发布仅5天，其注册用户便超过了100万人，而曾经异常火爆的脸书（Facebook）达到这个成绩用了10个月。ChatGPT推出仅2个月，其月活用户便达到了1亿，成为全球历史上消费者增长最快的应用，创造出“前无古人”里程碑式的成绩。由此，人们才发现目前众多商业App中的那些“智能客服”，其功能与ChatGPT相比，可谓相差十万八千里。也就是说，ChatGPT基本上能够做到像人一样，甚至比人更优秀地为客户提供各类咨询服务。

由于ChatGPT太过聪明，引发无数网友的沉迷。网友们与它聊天，让它扮演虚拟恋人、陪自己演戏，让它帮忙写作业、写论文、补习外语、编写请假条，等等。ChatGPT如同一个“历经沙场”的老手一样，应对自如。人们甚至让其撰写小说、诗歌，按照指定要求完成AI绘画，书写编程代码，答疑解惑，乃至进行文学、哲学问题的探讨等，ChatGPT都能交出几乎完美的答案。

据报道，美国宾夕法尼亚大学研究生用ChatGPT写的论文，顺利通过了期末考试；谷歌安排面试ChatGPT，发现它编写程序的能力已经和谷歌三级工程师的实力相当，也就是说，ChatGPT可以胜任公司年薪18.3万美元的职位等级[①]。更离奇的是，世界权威杂志《自然》（*Nature*）由于担心该杂志上发表的论文缺乏有力的责任人关系匹配，于2023年1月24日公开宣布，将人工智能工具列为作者的论文，不能在杂志上发表[②]，这或许就是针对ChatGPT。

在ChatGPT面世后的第69天，即北京时间2023年2月7日凌晨，谷歌突然发布了基于LaMDA大模型的下一代对话AI系统Bard。第二天，同样是凌晨，微软也宣布推出由ChatGPT支持的最新版本必应（Bing）搜索引擎和Edge浏览器，并宣称必应构建在下一代大型语言模型

---

① 《ChatGPT通过谷歌面试：年薪突破18.3万美元》，钛媒体App，2023年2月13日，https://www.sohu.com/a/640331003_121400326。

② 《人工智能工具引发学界担忧》，中国日报网，2023年1月26日，https://cn.chinadaily.com.cn/a/202301/26/WS63d1cbdfa3102ada8b22c909.html。

上，比ChatGPT更强大，并且能帮助其利用网络知识与OpenAI技术进行智能对接。

看来，西方两大科技巨头在回应ChatGPT全球风暴的同时，开启了“掐架”模式。而东方呢？科技巨头百度实在坐不住了，2023年2月8日不得不出来回应，官宣其文心一言（ERNIE Bot）自然语言项目，计划在3月完成内测，随后对公众开放。

24小时之内，三家科技巨头齐身入局，抢占高地。这股风不仅快，而且很猛！

“这是我从未见过的技术扩散，这完全等于工业革命。”微软首席执行官（CEO）萨提亚·纳德拉（Satya Nadella）如是说。[①]

“ChatGPT好得吓人，我们离强大到危险的人工智能不远了。”马斯克（Elon Reeve Musk）惊叹之中交织着

① 《ChatGPT席卷全球，写诗代考……是为人类赋能，还是技术魔鬼？》，凤凰卫视，2023年2月27日，https://baijiahao.baidu.com/s?id=1758988911639961096&wfr=spider&for=pc。

担忧。[①] 显然，他所指的“危险”就是通用人工智能。

不仅纳德拉、马斯克惊叹，连“ChatGPT之父”阿尔特曼（Sam Altman）也出来说：“预先训练这些大模型，用它们来解决其他问题的能力（暗指通用智能），我认为人工智能非常接近这个概念，即利用现有的信息和思想，并将其迅速应用于新的问题。”“我认为，在未来几年里，我们将看到系统的爆炸式增长，这些系统能够真正对生成的语言进行处理、理解和交互。我认为这将是人们真正感受到的第一种方式。”[②]

阿尔特曼甚至控制不住激动，于2023年2月25日在OpenAI官网上发布了他对通用人工智能的担心和期许，大意是：

通用人工智能可能带来严重的滥用、重大事故和社会混乱等风险。成功过渡到一个拥有超级智能的世界可能是人类历史上最重要、最有希望而又最“可怕”的项

---

① 李金磊、吴家驹：《谷歌、苹果、微软都急了！ChatGPT会让你失业吗？》，中新网，2023年2月8日，https://m.gmw.cn/baijia/2023-02/08/1303277113.html。

② 《ChatGPT席卷全球，写诗代考……是为人类赋能，还是技术魔鬼？》，凤凰卫视，2023年2月27日，https://baijiahao.baidu.com/s?id=1758988911639961096&wfr=spider&for=pc。

目。通用人工智能距离成功还很遥远，但赌注之大（好处和坏处都是无限的）有望让我们所有人团结起来。[①]

但是，真的到了那一天，所有人能够团结起来吗？如今似乎已经到了“奇点降临”的时刻，这是无数前人曾经预测且担心不已的事情。“ChatGPT式”的奇点降临，到底意味着什么？它将如何改写世界和人类结构？对人们的工作、生活乃至生存有多大冲击？这些问题，我们暂且放到后面章节来讨论。这里，让我们将眼光收回到ChatGPT本身上来。

三、何方神圣

ChatGPT是由美国人工智能研究实验室OpenAI于2022年11月30日推出的一种人工智能技术驱动的自然语言处理（Natural Language Processing，NLP）工具，使用的是Transformer神经网络架构（后文将详细讲述）。这种网络架构是谷歌在2017年提出的用于处理序列数据

① 《ChatGPT之父最新观点：通用人工智能是全人类的赌注》，创业邦传媒，2023年3月1日，https://baijiahao.baidu.com/s?id=1759160359002020769&wfr=spider&for=pc。

的模型，拥有语言理解和文本生成能力，尤其是它能通过连接大量的语料库来训练模型，从而使模型学习、理解人类的语言与对话技巧。同时，Transformer语料库中包含了真实世界中海量的知识、文本与对话信息，进而使得ChatGPT具备上知天文、下知地理的能力，且能在同一个会话期间内，根据聊天的前后文意互动串联，回答后续问题，做到与真正人类几乎无异地聊天、交流。

OpenAI官网对ChatGPT功能的描述主要局限在对话、聊天等自然语言处理领域，然而让其在短时间内引爆全球的深层次原因在于，ChatGPT不单是一款聊天机器人软件，最让人不可思议的是，它还能够帮助人们来完成高质量的邮件、文案、翻译、诗歌、小说、编程代码与视频脚本等任务的撰写，而且往往能够达到专业人士的水准。

另外，ChatGPT还采用了注重道德水平的训练方式，按照预先设计的道德准则，对不怀好意的提问和请求说“不”。一旦发现用户给出的文字提示里面含有恶意（诸如暴力、歧视、犯罪等意图），它就会像常人一样予以拒绝。这里我们可看看ChatGPT对自己的定义、对自身功能的阐释，以及对语言模型的定义，如图1-1、图1-2、图1-3所示。

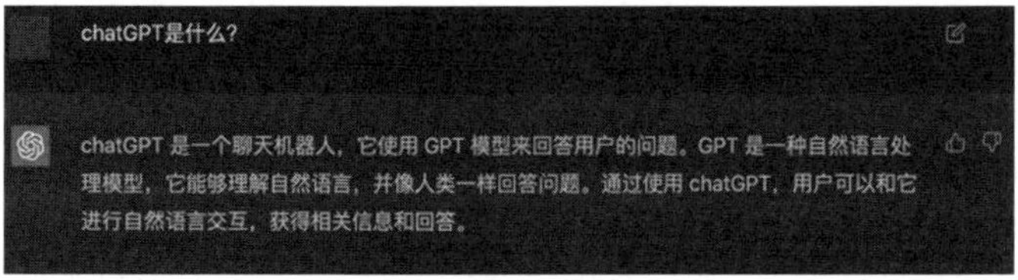

图1-1 ChatGPT对自己的定义

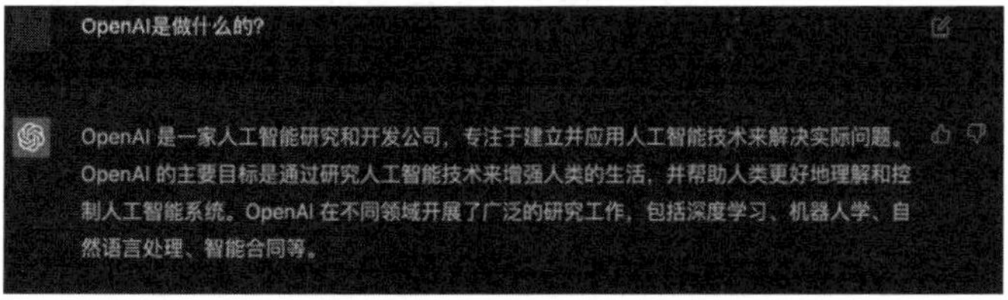

图1-2 ChatGPT对自身功能的阐释

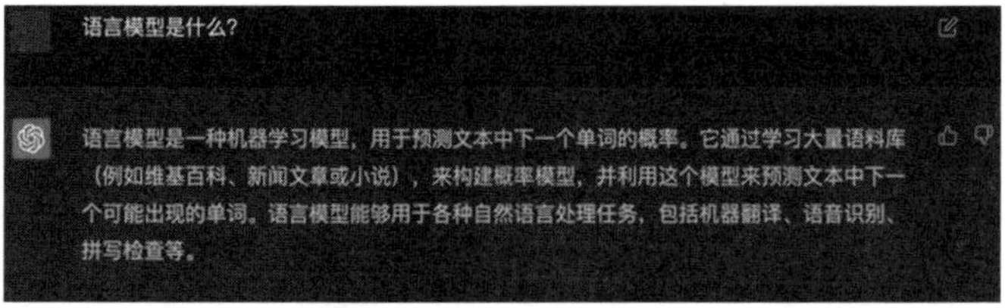

图1-3 ChatGPT对语言模型的定义

四、成长简况

2015年，OpenAI由营利组织OpenAI LP与非营利组织OpenAI Inc共同组建。马斯克（2018年退出）等硅谷大亨是其最初的创建者。

2020年6月，在训练约2000亿个单词、烧掉几千万美元后，OpenAI推出第三代生成式语言模型，即史上最强大的AI模型GPT-3，一炮而红。当时，业内人士就对其赞不绝口。

2022年11月30日，人工智能对话聊天机器人ChatGPT由OpenAI推出，迅速在社交媒体上走红，短短5天，注册用户就超过100万。[①]ChatGPT是GPT-3.5架构的主力模型，是基于GPT-3架构的迭代产品。

2023年1月末，ChatGPT的月活用户已突破1亿，成为史上增长最快的消费者应用。

1月17日，微软CEO萨提亚·纳德拉公开表示要

① 胡楠楠：《5天注册用户超100万，ChatGPT让谷歌百度坐不住了》，新浪财经，2023年2月3日，https://baijiahao.baidu.com/s?id=1756786969747074437&wfr=baike。

将OpenAI产品与自身生态结合，将ChatGPT加入Bing、Office、GitHub、Azure等微软“全家桶”中。随后不到一周的时间，微软又宣布向OpenAI追加数十亿美元投资。之后，OpenAI更是公布了ChatGPT的订阅制商业模式。

2月2日，OpenAI发布ChatGPT试点订阅计划——ChatGPT Plus。该计划显示，ChatGPT Plus将以每月20美元的价格提供，订阅者可获得比免费版本更稳定、更快的服务，以及尝试新功能和优化的优先权。同日，微软官方公告表示，旗下所有产品将全线整合ChatGPT，除此前宣布的搜索引擎Bing、Office之外，微软还将在云计算平台Azure中整合ChatGPT，Azure的OpenAI服务将允许开发者访问AI模型。

2月3日，信息技术（IT）行业的领导者们担心，大名鼎鼎的人工智能聊天机器人ChatGPT已经被黑客们用于策划网络攻击。来自黑莓（BlackBerry）的一份报告调查了英国500名IT行业决策者对ChatGPT这项革命性技术的看法，76%的人认为，外国已经在针对其他国家的网络战争中使用ChatGPT；48%的人认为，2023年，将会有人恶意使用ChatGPT造成“成功”的网络攻击。①

同日，ChatGPT的开发公司OpenAI顺势推出了这一应用程序的付费订阅版本（该付费项目4月已停止）。

2月7日凌晨，谷歌突然发布了基于LaMDA大模型的下一代对话AI系统Bard。

2月8日凌晨，微软宣布推出由ChatGPT支持的最新版本Bing搜索引擎和Edge浏览器，随后宣布将OpenAI传闻已久的GPT-4模型集成到Bing及Edge浏览器中。同日，百度也官宣了正在研发的文心一言项目，计划在3月完成内测，随后对公众开放。

3月1日，OpenAI官方宣布开放ChatGPT API，即第三方开发者可以通过API将ChatGPT和Whisper模型集成到他们的应用程序和服务中，这样做比使用其现有语言模型要便宜得多。除此以外，OpenAI还宣布了另一个新的Whisper API，这是OpenAI于2022年9月推出的

---

①《“新武器”加持？ChatGPT恐将让黑客的破坏行为升级》，凤凰科技，2023年2月3日，https://www.ithome.com/0/670/976.htm。

由人工智能驱动的语音转文本模型，可通过API使用。OpenAI这次宣布的两项API，让使用者成本直降90%，百万代币（token）才2美元，可以说是相当“炸裂”了。

3月15日，史上最强大的人工智能大语言模型GPT-4正式发布。

3月16日和4月3日，自主GPT-4应用AutoGPT和BabyAGI分别发布，4月初，包括AutoGPT、BabyAGI和AI Agents在内，十多个类似的人工智能代理应用与三十余个有趣的新产品相继面世，业界可谓欣欣向荣。

4月11日，斯坦福大学使用25个ChatGPT搭建了一个模拟小镇，25个AI居民在小镇里面产生了高社会性互动的行为。如同电影《失控玩家》中假象的事件，到底距离我们还有多远？

4月14日，麻省理工学院科学家弗里曼（Max Freeman）连线“ChatGPT之父”阿尔特曼。阿尔特曼称，在短期内不会继续研发 GPT-4，这个“短期”可能是6个月。

同日，《金融时报》报道，欧盟正在制定人工智能法案，要求OpenAI等巨头必须披露训练AI使用的版权数据，这可能是人类在AI版权领域走出的重要一步。

同日，谷歌医学大语言模型Med-PaLM 2开启行业测试邀请；亚马逊宣布加入人工智能大战，一口气推出对标OpenAI的Bedrock、对标微软Azure的AI云基础设施、对标GitHub Copilot的编程助手。

4月15日，早前表示OpenAI已经脱离自己当初投资初衷的马斯克，重新加入战局，创立新的X.AI公司，并宣布购买10,000张A100显卡，使用推特（Twitter）数据来训练大模型。

五、ChatGPT 魅力四架构

结合近几个月ChatGPT在具体应用中的表现，这里将其如此“亲民”、招人喜爱的原因归结为四大模块架构的有机结合与互补，这四大模块分别是自然语言处理模块、学习模块、知识库模块和泛化模块，参见表1-1。

表 1-1　ChatGPT 火爆的原因及其“亲民”的魅力四架构

模块	描述	目的
自然语言处理模块——核心部分	主要负责理解用户的言语表达，并根据用户的语境和场景来推断用户的需求，从而生成合适的答案。	揣摩心意 对症下药
学习模块——重要部分	主要负责不断地学习用户的语言表达方式和交流习惯，并以此为基础来构建对话模型，从而不断优化自身的对话能力。相比 Siri 或其他传统搜索引擎，ChatGPT 既可以联系上下文，实现连续的完整对话，还能让应答条理清晰、全面专业。当然，由于训练样本相对有限，ChatGPT 目前在某些具体领域的知识准确度及时效性方面还有很大的提升空间。	察言观色 随机应变
知识库模块——辅助部分	主要负责存储大量的知识信息，包括日常生活中的常识性问题、新闻资讯等，并能够根据用户的需求提供丰富的信息服务。	展示实力 征服对手
泛化模块——应用部分	诸如写作业、写论文、补习外语、写小说、写诗歌、绘画、书写编程代码、答疑解惑，乃至进行文学、哲学问题的探讨等通用能力。	额外福利 锦上添花

由此可以这样“夸张”地描述一下：ChatGPT 就像一位身经百战的交际老手，它能游刃有余地通过自然语言处理模块来“揣摩对话人的心意，从而做到心中有数”，以便“对症下药”，稳住基本盘。然后在对话的

过程中，它利用“长久训练”的学习模块来“察言观色”“随机应变”，适时捕捉提问人字句中透露出来的微妙心理变化而及时“投其所好”，讨好对方。这种细腻的“亲切”和高超的技巧往往能够瞬间攻破对方的心理防线，从而使其迅速接受。接下来，它就开始上“重器”了，利用它“上知天文，下知地理”的知识库模块之宏大、厚重与博学威力，刹那征服对手，让对方打心眼儿里钦佩和喜爱。最后，它再搬出泛化模块，通过诸如绘画、写文章、编程序等通用技能来提供额外福利，不间断地“为爱情之花滋润雨露”，这样就会让对方“彻底黏上它而不能自拔”。

看来，ChatGPT的设计者们深谙人性的喜好与弱点，对诸如心理学、场景学、哲学与营销学等有着精深的研究和理解，不然设计不出这样一款如此迅速风靡全球的“神器”。

接下来，我们开始分解这一“神器”的特性，从其优势、局限性及其与普通AI工具的区别等方面来进一步认识ChatGPT。

六、ChatGPT 的特色优势

仅从自然语言生成领域的对话（即回答问题，不涉及文案、翻译、诗歌、小说、编程代码与视频脚本撰写等通用能力）来看，ChatGPT最大的特点是能够根据上下文意境、语境来回答某些假设性的问题（即更好地理解用户的提问），提升模型和人类意图的一致性，正如人在对话过程中可以不断地根据语境变化，通过记忆之前的对话内容（抓关键词等）来回答当前的问题。所以，ChatGPT不仅大幅提升了其生成结果的全面性、准确性，而且支持连续多轮对话。

由此，人们与ChatGPT对话有如同与真人互动一样的“亲切感”，这就极大地提升了用户与ChatGPT交互的人性体验。除此之外，ChatGPT还有以下特点：

1. 可以质疑不正确的问题。比如被要求“请描述一下秦始皇1900年到四川考察时的情景”，机器人会说明秦始皇不属于这个时代并调整输出结果。

2. 可以承认自己的无知，承认对某些特别罕见的物品或技术不了解。

3. 若用户指出其错误，模型会主动承认错误，听取意见并优化答案。

4. 具备识别非法和偏见的机制。针对不合理提问，能通过适度API进行过滤，并能驳回非法的或潜在的种族主义、性别歧视等提问。

5. 即使学习的知识有限（相对于人类从古至今所有领域全部知识的浩瀚来说），依然能够回答人们提出的众多奇葩问题，甚至让人脑洞大开。

6. 在翻译的准确性方面（尤其是姓名的音译）还不够完美，不过在文字流畅度及辨别特定人名方面与其他网络翻译工具接近。

7. 为了避免染上恶习，通过算法屏蔽，减少有害和欺骗性的训练输入。

七、ChatGPT 的局限性

从自然语言生成领域的问答来看，尽管ChatGPT表现出超强的优势和能力，但是其技术仍然存在局限性。这些局限性主要表现在：

1. 在没有经过大量语料训练的领域，当用户寻求答案时，ChatGPT极有可能给出错误或误导性的答案，甚至会因为缺乏“人类常识”和引申能力，导致一本正经地“胡说八道”。由此，ChatGPT在很多未经训练的领域可以创造答案，编撰小说也是它的长项，比如它对苏轼词《定风波》的演绎，如图1-4所示。

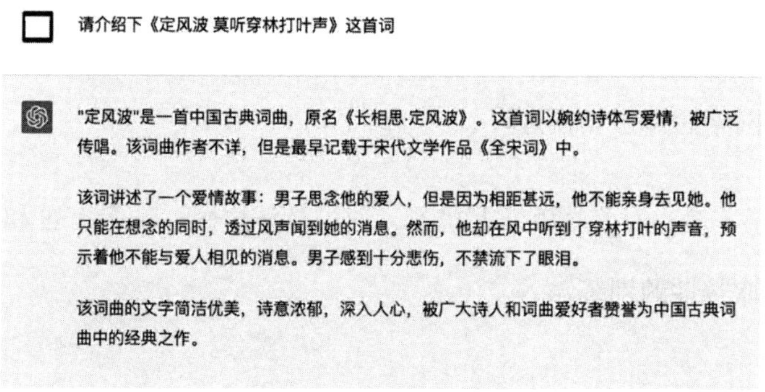

图1-4　ChatGPT对苏轼词《定风波》“胡说八道”的演绎

2．对于自然科学、金融或医学等专业领域的问题，如果没有进行足够的语料训练，ChatGPT无法生成准确的回答。由此可知，它无法处理非常专业或复杂的语言结构。

3．由于ChatGPT是一个大语言模型，目前还并不具备网络搜索功能，因此它只能基于2021年所拥有的数据集进行回答。例如，它不会像苹果语音助手Siri那样帮你搜索信息，回答明天是否会下雨，也不知道北京冬奥会、俄乌冲突、安倍遇刺等2022年发生的事件。当然，如果ChatGPT能自己上网寻找学习语料和搜索知识，估计又将是个智能的飞跃与里程碑。

4．ChatGPT还无法把在线的新知识纳入进去。一方面，如果对于新知识采取在线训练的模式，看上去成本低且方案可行，但是很容易由于新数据的引入而导致对原有知识灾难性的遗忘；另一方面，如果一旦出现一些新知识就去重新预训练GPT模型，无论是时间成本还是经济成本，都是普通训练者难以接受的，根本不现实，这也是它与人的重大差别之一。

5. 目前，人们还没有能力对ChatGPT内在的算法逻辑进行分解与认知，即它仍然是个黑箱模型，因此并不能保证ChatGPT不会产生偏见、误导乃至攻击、伤害用户的表述。

虽然ChatGPT存在如上局限性，但是瑕不掩瑜，这些都不能掩盖ChatGPT巨大的优势和出类拔萃的“通用能力”。

第二章 ChatGPT 产生、强大的原因与优化方向

火爆全球的ChatGPT是AIGC（下文专章讲述）大家族中的一个分支，即生成式AI的一种形式。

据高德纳（Gartner）发布的《2022年度重要战略技术趋势》一文显示，ChatGPT排名第一位。由此可知，ChatGPT的横空出世具有多么重大的战略意义。另外，Gartner还预测，到2025年，生成式AI将占到所有生成数据的10%；目前，这个比例还不足1%。

一、ChatGPT 产生的基础与原因

OpenAI从2018年开始推出生成式预训练语言模型

GPT（Generative Pre-trained Transformer）系列而在业界声名鹊起。GPT系列可用于生成文章、代码、翻译、问答等众多内容，到目前为止，这个系列主要包括GPT-1、GPT-2和GPT-3。其中，ChatGPT与GPT-3更为相近，是基于GPT-3.5架构开发出来的对话AI模型。GPT系列是ChatGPT产生（或被提出）的基础，主要有如下原因。

一是GPT系列不断迭代优化、补齐短板和提升性能的要求。OpenAI推出的GPT系列与谷歌2018年提出的BERT模型都是基于Transformer技术的知名自然语言处理模型，其模型结构如图2-1所示。

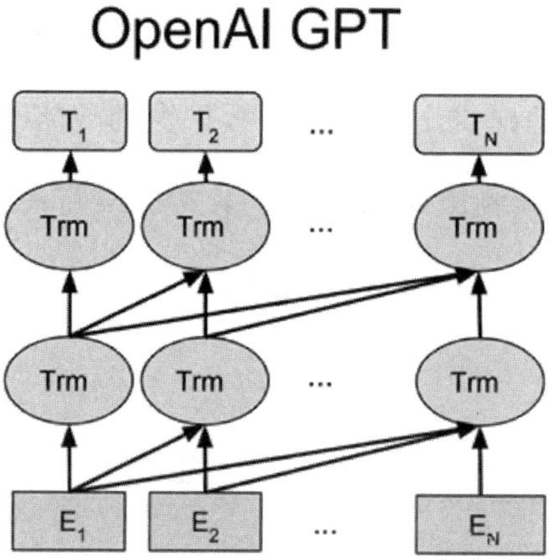

图2-1　GPT系列的模型结构

（图中的Trm代表一个Transformer单元）

早期的GPT-1通过构建预训练任务得到一个通用的预训练模型，这个模型和BERT一样，都可用来做下游任务的微调，并在9个NLP任务上取得了很好的效果。但GPT-1使用的模型规模和数据量都比较小，这就促成了GPT-2的诞生。

GPT-2的目标是训练一个泛化能力更强的模型，它并没有对GPT-1的网络进行过多的结构创新或改造，而只是使用了更多的网络参数和更大的数据集。其最大贡献就是验证了通过海量数据和大量参数训练出来的模型能够迁移到其他下游任务中而不需要额外的训练，但是它在一些性能方面的表现依然不够理想，这就催生了GPT-3。

GPT-3的各项性能远超GPT-2，非常强大，除了提升模型对常见的NLP任务处理的效果之外，还在很多非常困难的任务（诸如撰写文稿、编写代码、数学运算等泛化能力）中有了大幅度提升。

二是，从GPT系列迭代过程中的各项指标（表2-1）

表2-1　OpenAI推出的生成式预训练语言模型GPT系列简况

模型	发布时间	层数	头数	词向量长度	参数量	预训练数据量
GPT-1	2018年6月	12	12	768	1.17亿	约50GB
GPT-2	2019年2月	48	-	1600	15亿	40GB
GPT-3	2020年5月	96	96	12,888	1750亿	45TB

看出：GPT-1只有12个Transformer层，词向量[①]长度为768，参数过亿，预训练数据约50GB；而到了GPT-3，Transformer层猛增到96层，词向量长度暴增至12,888，参数越过三个数量级达到1750亿，预训练数据翻了约1000倍达到45TB。第一，由于预训练模型就像一个巨大的黑箱，如此巨大增幅的训练，没有人能够保证预训练模型不会生成一些无用的、有害的或危险的内容；第二，如此海量的训练数据（虽然经过了清洗），里面肯定包含有害的或危险的训练样本；第三，预训练模型自诞生之始，一个备受诟病的问题就是其中暗含诸如种族歧视、性别歧视等偏见。针对上述问题，OpenAI提出了以有用的（Helpful）、可信的（Honest）和无害的（Harmless）为主线条的优化目标，这正是ChatGPT与其兄弟模型

① 通俗地说，由于计算机无法识别文本，故需要将其数值化；词向量是将文本数值化，转化成计算机识别的语言。专业的解释：词向量就是将一个词所表达的稀疏向量转化为稠密向量，而且对于相似的词，其对应的词向量也很相近。

InstructGPT被一同提出的重要动机之一，因为它们能够部分地解决这些问题。

三是，GPT系列发展到第三代，GPT-3与ChatGPT在职能分工上便有了分化。GPT-3被定位为一个功能强大的基础模型，可以用于自然语言相关的更广泛的任务处理，可以在此基础上针对下游的多种任务进行微调训练，从而训练出不同的产品。而ChatGPT则接受了多种不同语言模式和风格的训练，能够生成更加多样化和细微的人类响应，也就是更“亲民”了（比如，不仅能持续多轮对话，而且更像一个能够揣摩对话者心理的“油腻中年人”，更具“人性”了）。

这也是ChatGPT被OpenAI描述为以GPT-3.5为基础架构开发出来的新的自然语言处理模型，而不是直接被定位为迭代的GPT-4的原因。也就是说，ChatGPT只是一个介于GPT-3与GPT-4之间被特别开发出来的更适合大众使用的产品。这个判断也可以从OpenAI官网对ChatGPT的最初功能定义和描述上看出来。这就是GPT-3与ChatGPT分别被提出的时候都引起了轰动，只不过前者主要在圈内，后者火出了圈进而引爆全球的原因，即二者的功能定位不同，是OpenAI的有意设计。这样也快速提升了OpenAI与其产品的知名度，引发了众多好的连锁反应。

二、ChatGPT 为何如此强大

特别提示：本节涉及诸如大模型、小模型、Transformer、自监督学习、迁移学习、深度学习、“预训练+微调”机制、人类反馈强化学习、微调、AI对齐等众多专业术语或概念。这些在后面章节（特别是第三章）将会详细解读，这里提出的目的是让没有人工智能知识储备的读者朋友暂时了解一下它们及其之间的关系，由此建立一个初步印象。因为本节最适合将这些概念集中列出，并表明它们之间的某些重要关系，这对于后面章节的理解很有必要且很重要。

ChatGPT如此强大的原因可大致归结为两点：一是，近几年来，Transformer、自监督学习、人类反馈强化学习、微调、AI对齐等多种底层技术在自然语言处理和人工智能领域被广泛地研究、应用和更新迭代，这是基础；二是，OpenAI将众多技术巧妙地结合在一起，在有效规避了大模型未对齐行为的同时，利用了大模型带来的智能突现能力，增强了大模型的指令学习能力和用户意图捕获能力，从而造就了大模型的泛化能力。所以，ChatGPT是一个研究、资源与能力叠加、质变的产物。这不仅是个技术问题，也和OpenAI团队的综合实力有关，这里具体从三个方面来解读。

1. 大模型与 Transformer 网络架构

支撑ChatGPT具备出色能力的技术很多，这里择要简单介绍一下大模型与Transformer网络模型。

当前，大多数人工智能是针对特定场景应用进行训练，生成的模型难以迁移到其他应用之上，属于“小模型”的范畴，而ChatGPT背后的支撑是人工智能大模型（AI大模型）。小模型的整个研发过程不仅需要大量的手工调参，还需要给机器输入海量的标注数据进行训练，这样不但成本高，而且研发效率也很低。

大模型通常是在无标注的大数据集上，采用自监督学习的方法进行训练；之后，在其他场景的应用中，开发者只需要对模型进行微调或采用少量数据进行二次训练，就可以满足下游新的应用场景的需要。这个过程也可以理解为人类反馈强化学习（Reinforcement Learning from Human Feedback，RLHF），即“预训练+微调”机制下的迁移学习方法。这样，对预训练大模型的改进就可以让下游所有的小模型受益，大幅提升人工智能的研发效率和适用场景的能力。ChatGPT就是通过这一创新方式的训练，获得了粗浅的“通用智能”而一举引爆全球的。

大模型如今已经成为业界重点投入的方向，国内如百度、阿里、腾讯、华为和智源研究院，国外如Open-AI、谷歌、脸书、微软，都纷纷推进大模型或超大模型的研究。

另外，Transformer网络模型也是ChatGPT使用的核心技术之一，它是Google于2017年提出的一种采用注意力机制的深度学习模型，可以按输入数据各部分重要性的不同，分配不同的权重，是近几年人工智能技术的最大亮点之一。Transformer大幅提升模型训练的效果，让人工智能得以在更大模型、更多数据、更强算力的基础上进一步增强能力，它的精度和性能都要优于之前流行的循环神经网络（Recurrent Neural Network，RNN）[①]、卷积神经网络（Convolutional Neural Network，CNN）[②]等模型。

Transformer不仅在自然语言处理领域表现优异，在语音、图像方面也显示了出色的性能，具有很强的跨模态能力。这也是ChatGPT博学多能的原因。

2. 大模型参数与数据量的支撑

ChatGPT是在GPT-3.5的基础上训练而成，它传承了GPT系列（特别是GPT-3）的众多能力和知识。而早前的GPT模型系列本身就有较好的处理文本生成领域的各种任务的能力，比如GPT-3在文本补全、自由问答、完形填空、写作文、写摘要、写小说、写诗歌等方面都已具备了很高的水平。这里以GPT系列为例，说明一下支

① 循环神经网络是一种序列模型，即序列中包含信息，也就是输入或输出中包含序列数据的模型。它有两大特点：一是输入（输出）元素之间具有顺序关系，不同的顺序，得到的结果应该是不同的，比如“不吃饭”和“吃饭不”这两个短语的意思是不同的；二是输入输出不定长，比如两个聊天机器人的对话长度是不定的。

② 卷积神经网络是包含卷积计算且具有深度结构的前馈神经网络，是深度学习的代表算法之一，在图像识别与生成中广泛应用。

撑ChatGPT性能的大模型参数与数据量的大致情况。

（1）GPT-1参数量规模上亿，数据集使用了1万本书的BookCorpus①，单词量25亿。

（2）GPT-2参数规模达到15亿，数据主要来自互联网，使用了800万条在Reddit②被链接过的网页数据，清洗后的数据量超过40GB。

（3）GPT-3参数规模达到1750亿，数据集上将语料规模扩大到570GB（CC数据集，约4000亿单词），另外还包括WebText2③、BookCorpus和维基百科等平台的几乎所有数据，这些平台分别约有190亿、670亿和30亿单词的海量数据，使得GPT-3最终的数据量高达让人生畏的45TB。

由此，有人甚至夸张地说，ChatGPT除开一些先进技术、训练机制的科学组合运用之外，就是由人工标注

---

① BookCorpus，一种流行的大型文本语料库，特别适用于句子编码器/解码器的无监督学习。

② Reddit，美国一家具有突出影响力的社交新闻网站。

③ WebText2，由OpenAI创建，是一个私有（不公开）的OpenAI数据集，通过抓取来自Reddit的链接创建。

和大数据给喂养出来的，是一个从量变到质变的过程。

3. OpenAI团队的综合实力

ChatGPT之所以成功，也与OpenAI团队的综合实力关系密切，这主要体现在他们的组织文化、项目策划、技术创新和有效的反馈机制设计与操作等方面，具体阐述参见表2-2。

表2-2　OpenAI团队四大方面的综合实力

实力	解读
组织文化	OpenAI“致力于打造通用AI”的愿景明确，自始至终的坚守和坚定持续的投入，是一切的关键。由此吸引了一大批业界高手，没有任何商业考核目标，让大家心无旁骛、释放激情、创新小宇宙，从而取得重大的突破。
项目策划	一项影响力出圈的技术，与其项目策划密不可分。OpenAI继承了之前包括AlphaGo围棋大战、DeepMind破解蛋白质折叠结构难题在内的成功策划经验。例如，针对大众的各种差异化兴趣所指，ChatGPT能及时生成或轻松愉快、或幽默搞笑、或严肃认真的问答和多轮人性化对话，加之其写新闻、作诗、翻译、编代码等泛化能力的魅力，从而引发民众在微信朋友圈等社交媒体上屡屡刷屏，进而引爆全球。
技术创新	不断探索引入新的技术路线是其成功的关键，比如引入强化学习方法和人类专家等。其中，通过对ChatGPT生成结果的排名奖励机制，不仅实现了模型的微调优化，而且有效地促成ChatGPT撰写出更符合人类习惯的回答。

续表

实力	解读
反馈机制	通过用户对于模型优劣和使用体验的反馈形成了从模型研发到体验反馈的闭环，进一步优化模型。此外，OpenAI还设计了鼓励用户针对ChatGPT回答中的问题发现、风险危害、新颖建议等方面反馈的奖励机制，如举办竞赛活动，参赛者的优秀反馈可以赢取500美元API积分，并可兑换相应奖品等。

三、ChatGPT 不易被追赶的原因

从技术角度来看，国内的AI研发领域在基础理论、算法研究、语料库及技术人才等方面相对滞后，所以，要在短期内达到ChatGPT的水准存在很大的难度。不久的将来，市场上肯定会出现一批GPT的复制品，但要达到真正实用应该需要2—3年，但是那个时候OpenAI更进步了。因此，本书认同法国里昂商学院人工智能管理学院（AIM）院长、全球商业智能中心（BIC）主任龚业明的观点，这里引述如下：

大模型的训练和推理成本一直以来是AI产业发展的瓶颈，因此具有大模型构建能力的企业往往是

世界科技巨头。这会形成强大的护城河，造成强者恒强的局面。

第一，就语料库而言，语料库的构建和获取也许不是特别费劲，但是语料的标注与理解工作比较繁复。目前，有很多人工智能专家还认为中文语料质量会影响国产大模型的发展。语言学的长期研究告诉我们，语料库的构建最好不能只局限于简体中文语料库，要能理解多种语言，才能构建一流的中文语料库。所以，不要认为靠人海战术和低人力成本建一个简中语料库就能解决语言学问题。

第二是算法。GPT对算法的要求特别高。算法要能容纳和分析大数据，个别国产大语言模型出现了过载问题，就是算法处理不了更大的数据，或增加了数据后服务质量没提高。

第三是运算量。GPT需要高端显卡和高端芯片。在目前的国际环境中，并不是所有我国企业都能获取足量的高端显卡和高端芯片。同时，运算量也要求较高的投资。诚然，很多国内厂商对ChatGPT有兴趣，但是他们的兴趣点也很多，跟风投机性强，无法像OpenAI那样全力以赴，意志坚定。

第四，短期内很不容易找到GPT的领军人才。

另外，从商业模式角度分析，国内缺乏明确的前瞻性生态与商业布局。现在出现了ChatGPT这样的产品，国内也会出现很多的公司、机构，但在技术路径的复制上，由于缺乏基础模型积累和大量的训练数据来源，所以复制难度较大。OpenAI在很多年前就理解了GPT的价值，到现在别人已经做出来，我们才知道该这样发展，才理解其中的商业价值，就慢了点。[①]

四、ChatGPT与普通AI工具的区别

ChatGPT与普通AI工具（例如小冰、Siri、小艺、小度、小Q等）不同，这些老式智能语音只能一问一答，

① 《训练ChatGPT有多烧钱？国产大模型有机会吗？》，澎湃新闻，2023年2月17日，https://baijiahao.baidu.com/s?id=1758050828154371889&wfr=spider&for=pc。

回答问题的时候缺乏足够的语境逻辑，甚至出现答非所问的情况。ChatGPT是从一个巨大的预先训练的语言模型（GPT-3）中获得了知识，并经过额外训练的大语言模型。它被训练了大量的文本数据，因此可以很好地理解人类的语言，生成高质量的语言文本，同时还能保持快速响应的能力。所以，ChatGPT与普通AI工具的区别与优势主要体现在：

1. 训练数据：OpenAI训练ChatGPT时，使用了大量的网络文本和其他数据，使之能够形成最佳的人类语言理解能力。

2. 语言能力：ChatGPT具有很强的自然语言处理能力，可以完成各种自然语言任务，如回答问题、生成文本、语音识别、连续对话等。

3. 知识储备：ChatGPT被训练了超过45TB的天量大数据，因此具有广泛的知识储备，可以为人们提供关于各种话题的信息。

4. 深度学习：ChatGPT是一个基于深度学习的大模

型，因此可以像人类一样理解和生成语言。

其中，ChatGPT语言能力提升的核心及其对应原因如表2-3所示。

表2-3 ChatGPT在对话场景中较普通AI工具提升的核心能力与对应原因

	简要描述
提升的核心能力	更好地理解用户的提问，提升模型和人类意图的一致性，同时具备连续多轮对话能力。
	大幅提升结果的准确性，主要表现在回答得更加全面，同时可以承认错误，发现无法回答的问题。
	具备识别非法和偏见的机制，针对不合理提问提示并拒绝回答。
对应原因	性能强大的预训练语言模型GPT-3.5，使得模型具备了博学的基础。
	WebGPT等工作验证了监督学习信号可大幅提升模型准确性。
	InstructGPT等工作引入强化学习，验证了对齐模型和用户意图的能力。

五、ChatGPT 未来的优化方向

针对ChatGPT目前的众多局限性，有如下一些需要优化或提升性能的未来发展方向。

1. 减少人类反馈的 RLAIF

2020年年底，OpenAI前研究副总裁创办了一个人工智能公司，其中约10名成员曾效力于OpenAI，他们都曾是GPT-3、多模态神经元、人类反馈强化学习等方面研究和实际操作的核心员工。

该公司自行开发的一种被称为CAI（Constitutional AI）的机制很有特色。虽然也是建立在人类反馈强化学习的基础之上，但是CAI的不同之处在于，它使用非人类的模型对所有生成的输出结果进行初始排序，也就是说CAI用人工智能反馈来代替人类对表达无害性的偏好（RLAIF的重要功能），由人工智能根据一套Constitution原则来评价回复内容。[①]于是，我们看到了类似ChatGPT的应用在未来可能减少对RLHF依赖的希望，这样可以大大降低训练难度和费用。

2. 对模型指示泛化、纠错等能力的提升

对于ChatGPT及其兄弟模型InstrcutGPT来说，指

---

① 《ChatGPT又添劲敌？OpenAI核心员工创业，新模型获一片叫好》，机器之心Pro，https://www.163.com/dy/article/HSBL29CK0511AQHO.html。

示学习（Instruct Learning）的目的是挖掘语言模型本身具备的知识。这里的指示（Instruct）能够激发语言模型的理解能力，通过给出更明显的指令，让模型做出正确的行动，例如根据上半句生成下半句，或是进行完形填空等。指示作为ChatGPT模型产生输出的唯一线索，ChatGPT对其的依赖是非常严重的，提升模型对指示的泛化能力及对错误指示的纠错能力是一项非常重要的工作。这可以让模型更智能，同时拥有更广泛的应用场景。

3. 补足数理短板

ChatGPT虽然在与人对话等功能上非常强大，但是在数理计算等方面容易出现一本正经地“胡说八道”的情况。计算机学家史蒂芬·沃尔弗拉姆（Stephen Wolfram）为这一问题提出了解决方案。他创造的Wolfram语言和计算知识搜索引擎Wolfram|Alpha，其后台通过Mathematica的处理让上述问题的解决得以实现。过去，学术界在ChatGPT使用的这类“统计方法”和Wolfram|Alpha的“符号方法”上一直存在路线分歧，但是，如今ChatGPT和Wolfram|Alpha在功能上实现了互

补，这给NLP领域提供了更上一层楼的可能。[①]

4. 避免通用任务性能的下降

模型对很多问题的解决可以通过提供更多标注的数据来实现，但是这样会导致更严重的通用NLP任务性能下降，所以需要解决如何使其生成结果和通用NLP任务性能达到平衡的问题，可能需要设计一个更合理的人类反馈使用方案或是更前沿的模型结构。

5. ChatGPT 的小型化

虽然ChatGPT很强大，但其模型大小和使用成本却让人望而生畏。根据华为系自然语言处理企业首席科学家陈巍博士介绍，有三类模型压缩方法可以降低ChatGPT等模型的大小和成本。

一是量化法，即降低单个权重的数值表示的精度。比如，Tansformer从FP32降到INT8，对其精度影响不大。二是剪枝法，即删除从单个权重（非结构化剪枝）

① 私房小菜：《理工科神器WolframAlpha超强计算知识，补足ChatGPT短板》，知乎，2023年2月18日，https://zhuanlan.zhihu.com/p/607443530。

到更大粒度组件（如权重矩阵的通道等）的网络元素。这种方法在视觉和较小规模的语言模型中有效。三是稀疏化。比如，奥地利科学技术研究所（ISTA）提出的SparseGPT可以将GPT系列模型单次剪枝到50%的稀疏性，而无须任何重新训练。对GPT-175B模型，只需要使用单个GPU在几个小时内就能实现这种剪枝。①

6. 算力的节省

ChatGPT在自然语言等领域表现出来的强大能力，是需要大量算力来支撑的。一是，ChatGPT的预训练模型在进行大量语料数据训练的过程中消耗的算力太过庞大，这不必多说；二是，ChatGPT在应用时仍然需要大算力的服务器支持，而这些服务器的成本是普通用户无法承受的；三是，面向真实搜索引擎中那些数以亿计的用户需求，如采取目前通行的免费策略，成本是任何企业都难以承受的。

未来，如何做到节省ChatGPT的算力，这是有待优化的重要内容。

---

① 陈巍：《ChatGPT发展历程、原理、技术架构详解和产业未来》，搜狐，2023年2月13日，https://www.sohu.com/a/640154385_120178849。

第三章　认知ChatGPT、AutoGPT需先了解这些概念

1956年8月，在美国汉诺斯小镇的达特茅斯学院，由约翰·麦卡锡（John McCarthy）、马文·闵斯基（Marvin Minsky）、克劳德·香农（Claude Shannon）等各大领域的青年学者第一次提出“人工智能”这一概念，至今已经过去了近70年。在过去的岁月里，无数先驱依托集体智慧与不懈的努力，在机器智能领域掀起了一场又一场的革命；特别是近十几年来，人工智能更是突飞猛进，在棋步推算、语言识别、图像识别、自然语言、无人机、机器人、自动驾驶等众多领域实现了一个接一个的重大突破。当下被认为“正在敲开通用智能大门”的ChatGPT、AutoGPT、GPT-4等GPT系列应用，正是人工智能在自然语言领域取得的里程碑似的成就。

由于本书面对的读者主要是大众，为了让大家能够快速厘清人工智能庞大家族成员之间的内在关系，并能够更好、更容易地理解随后展开的各大章节内容，这里有必要先大致科普一下有关人工智能的众多概念。特别是其中的迁移学习、自监督学习、深度学习、强化学习、预训练模型、人工智能大模型等都与ChatGPT、AutoGPT、GPT-4的产生、构造机制、训练方式及其出类拔萃的表现和火爆密切相关，后文将重点讲述。

一、人工智能、机器学习、深度学习的概念与区别

1. 人工智能

人工智能是以计算机科学为基础，由计算机、数学、统计学、心理学、哲学等多学科融合而成的一门新兴的技术科学，属于交叉学科，用于研究开发模拟、延伸和扩展人的智能的理论、方法、技术和应用。人工智能企图了解智能的实质，并由此生产出一种新的能以人类智能相似的方式做出反应的智能机器，该领域的研究包括机器人、语言识别、图像识别、自然语言处理和专家系统等。

人工智能经历了两次低谷和三次热潮，每一次热潮都与算力、数据、算法等要素的推动有关。

2. 机器学习

与传统的为解决特定任务而硬编码的软件程序不同，机器学习（Machine Learning）的概念简单来说是用大量的数据来“训练”机器，并通过各种算法使其从数据中学习如何完成任务的一种方法，其特点主要有三：

一是，它属于人工智能程序的一个子集，是模拟、延伸和扩展人的智能的一条路径。二是，它的“智能”是用大量数据训练出来的，就像教小孩一遍遍地读书学习一样。三是，它属于大数据技术上的一种应用。由于机器学习要处理海量数据，因此大数据技术尤为重要。

机器学习按学习形式不同，主要分为监督学习、半监督学习、无监督学习和强化学习等（后文将详细讲述）。

3. 深度学习

深度学习（Deep Learning）这里需要重点谈一谈，

因为它是近十几年人工智能取得长足发展的重要推力，与当下火爆全球的ChatGPT及BERT模型等自然语言处理的发展密不可分。

深度学习是机器学习的一种方式，也是通过喂数据来训练机器的，只不过这些数据类别很杂、数量很大。深度学习最初来自对人工神经网络及其算法的研究，其灵感来源于人类大脑的工作方式。“深度”的意思就是更深，也就是相比传统神经网络有更多的隐含层，即含有多个隐藏层的多层感知器的深度学习结构。深度学习通过组合低层特征，形成更加抽象的高层来表示属性类别或特征，以发现数据的分布式特征表示，在网络结构上与传统神经网络有所不同。

换一种方式来理解，深度学习就是把计算机要学习的东西看成一大堆数据，并把这些数据丢进一个包含多个层级的复杂的数据处理网络，即深度神经网络（Deep Nueral Network，DNN），然后检测通过这个网络处理得到的结果数据是不是符合要求。如果符合，则保留这个网络作为目标模型；如果不符合，就一次次地调整网络的参数设置，直到输出满意的结果为止。

研究深度学习的动机在于建立模拟人脑进行分析学习的神经网络，模仿人脑的机制来解释数据，例如图像、声音和文本等，这是自2012年以来最热门的机器学习方法。深度学习的优缺点及其典型算法可参见表3-1。

在人工智能的第三次热潮中，深度学习的亮丽表现引发了业界与社会的广泛关注，多层神经网络学习过程中的梯度消失问题被有效抑制，网络的深层结构也能够自动提取并表征更为复杂的特征，避免了传统方法中依靠人工提取特征的问题，从而在语音识别、图像识别等任务中取得了非常好的效果。

事实上，深度学习的历史几乎和人工智能一样长久，只是由于技术和大数据等应用场景的限制而使之一直默默无闻；直到大数据时代的到来，深度学习才真正开始发挥它应有的价值。

表3-1 深度学习的优缺点及其典型算法

<table>
<tr><th colspan="4">优缺点</th><th>典型算法</th></tr>
<tr><td rowspan="4">优点</td><td>1</td><td>学习能力强</td><td>从结果来看，深度学习的表现非常好，学习能力非常强。</td><td rowspan="8">1.卷积神经网络，主要用于图片分类、检索、目标分割或定位检测、人脸识别、骨骼识别等。
2.循环神经网络，主要用于文本生成、语音识别、机器翻译、生成图像描述和视频标记等。
3.生成对抗网络（Generative Adversarial Network，GAN）。
4.深度强化学习。</td></tr>
<tr><td>2</td><td>覆盖范围广
适应性好</td><td>其神经网络层数很多，宽度很广，理论上可以映射到任意函数，所以能解决很复杂的问题。</td></tr>
<tr><td>3</td><td>数据驱动
上限高</td><td>高度依赖数据，数据量越大，表现就越好。在图像识别、面部识别、NLP等部分任务已经超过了人类的表现。同时，还可以通过调参进一步提高其上限。</td></tr>
<tr><td>4</td><td>可移植性好</td><td>表现优异，有诸如TensorFlow、PyTorch等很多框架可以使用，这些框架可以兼容很多平台。</td></tr>
<tr><td rowspan="4">缺点</td><td>1</td><td>计算量大
便携性差</td><td>需要大量的数据和大量的算力，成本很高。目前，很多应用还不适合在移动设备上使用，有很多机构、团队正在研发针对便携设备的芯片。</td></tr>
<tr><td>2</td><td>硬件需求高</td><td>由于算力要求很高，普通的CPU已经无法满足需求。主流的算力使用GPU和TPU，硬件要求很高，成本也很高。</td></tr>
<tr><td>3</td><td>模型设计复杂</td><td>其模型设计非常复杂，需要投入大量的人力、物力和时间来开发新的算法和模型，大多只能使用现成的模型。</td></tr>
<tr><td>4</td><td>容易存在偏见</td><td>数据依赖性很高，且可解释性不高。在训练数据不平衡的情况下，会出现性别歧视、种族歧视等问题。目前，ChatGPT、GPT-3等已较好地解决这一问题。</td></tr>
</table>

4. 三者关系

机器学习是一种实现人工智能的方法，深度学习则是一种实现机器学习的技术。这三者的关系如图3-1所示。

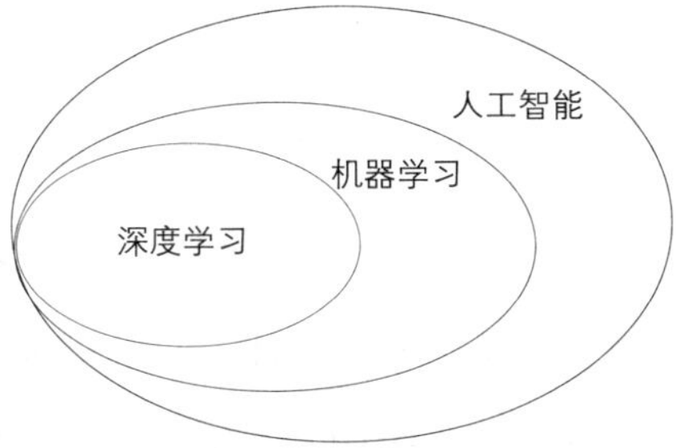

图3-1　人工智能、机器学习与深度学习的关系

深度学习与机器学习的最大区别是，机器学习需要人工来定义特征或规则，而深度学习则是由机器自动“学习”特征。深度学习十分依赖计算机的硬件设施，因为计算量实在太大，太多参数需要去学习，花费时间太长。因此，深度学习适合处理大数据，从数据中自动学习特征，在推理服务上运行得非常快，这些相比于一般性机器学习具有很大优势。

深度学习与一般性机器学习之间的区别大致可以这样类比：一般性机器学习相当于高中生的学习方式，需要老师指出学什么，然后学生带着目的去学；而深度学习相当于研究生的学习方式，老师指出要解决的问题，学生要自己根据问题一步步去研究、去拆解、去学习，不同的学生拆解的步骤、方式有所不同。

另外，深度学习既有监督学习也有无监督学习，还有半监督学习，不同的学习框架下建立的学习模型不同。比如，仿造生物视知觉的卷积神经网络和深度置信网络（Deep Belief Network，DBN）等深度学习模型，既可以用于无监督学习，也可以用于监督学习。

二、监督、无监督、半监督与自监督学习及其区别

前文已经说到，机器学习按学习形式不同主要分为监督学习、半监督学习、无监督学习和强化学习。除此之外，近十几年来，又相继出现了自监督学习、迁移学习、多任务学习等机器学习概念。对于它们具体是什么、它们之间的关系及其与深度学习的关系等，这里做一个

简单的梳理。

1. 监督学习

监督学习（Supervised Learning）是指从有标签（label）的数据集中学习预测模型的机器学习方法，本质是学习输入到输出映射的统计规律。监督学习方法有KNN、SVM等。

操作模拟：甲有一堆小猪、小狗的图片，每张图片上都标明了猪狗字样，然后他将这堆图片和标注输入计算机，经过一段时间的训练，计算机得到了一个可以辨识猪狗的模型；如有人随便拿一张猪的图片输入这个模型，这个计算机便可以辨认出来。

2. 无监督学习

无监督学习（Unsupervised Learning）是指不依赖任何标签值，通过对数据内在特征的挖掘，找到样本间的关系，从而学习预测模型的机器学习方法。无监督学习是基于数据之间的相似性进行聚类分析的学习，本质是学习数据中的统计规律或潜在结构，其方法包括聚类、

K均值、PCA等。

操作模拟：甲有一堆小猪、小狗的图片，他不做标注直接喂给计算机，计算机依靠自己对图片提取特征，计算图片和图片之间的相似度，经过计算将猪狗分成两类；如有人随便拿一张猪的图片输入这个计算机模型，它便可以将其划归为猪的这一类，相当于辨认出猪了。

3. 半监督学习

半监督学习（Semi-Supervised Learning）是一种介于监督学习和无监督学习之间的学习算法，是指利用极少量的标签数据和大量的无标签数据进行学习预测模型的机器学习方法，其方法有简单自训练等。

2006年夏佩尔（Olivier Chapelle）编著的*Semi-Supervised Learning*一书，就提出了半监督学习的概念，并对其原理做了详细介绍。随着深度学习的热潮与算力的快速发展，大量标签数据（需要大量的人力成本）匮乏任务出现，半监督学习也就越显重要了。

操作模拟：用有标签的数据训练一个分类器，然后用这个分类器对无标签数据进行分类，这样就会产生伪标签或软标签，之后挑选你认为分类正确的无标签样本用来训练分类器。

4. 自监督学习

自监督学习（Self-Supervised Learning）是指利用辅助任务（pretext task）从大规模的无监督数据中挖掘自身的监督信息，通过这种监督信息对网络进行训练，从而学习到对下游任务有价值的表征的一种机器学习方法。自监督学习需要标签，不过不需要由人工标注，而是来自数据本身。

操作模拟：输入计算机一张图片，把图片随机旋转一个角度，然后把旋转后的图片作为输入，把随机旋转的角度作为标签，拿着这些标签和对应的图片数据进行监督学习训练。

自监督学习包括基于上下文、基于时序、基于对比等方法，实用领域有未来词预测、掩码词预测修复、着色和超分辨率等。

比如，ChatGPT等自然语言模型训练所使用的“预训练+微调”技术就属于自监督学习；其中，用于预训练的任务被称为前置任务，用于微调的任务被称为下游任务。目前，自监督学习在计算机视觉和自然语言处理等领域广泛应用，其应用现状见表3-2。

也可以简单地把自监督学习看成是无监督学习的一种特殊情况，但是，它与常规性的无监督学习相比，还是有所区别的，主要表现为三点：一是，自监督学习是从数据本身找标签来进行有监督学习，而无监督学习是从数据分布的角度来构造损失函数，没有标拟合标签的过程；二是，自监督学习的代表是语言模型，无监督学习的代表是聚类；三是，自监督学习不需要额外提供标签，只需要从数据本身进行构造。

表3-2　自监督学习在三大领域中的应用现状[1]

类别	详情	总结
自然语言处理	在自然语言任务处理中，自监督学习方法最常见，包括相邻词预测、相邻句子预测、自回归语言建模和掩码语言建模。掩码语言建模公式已在BERT、RoBERTa和ALBERT论文中使用。	1.自监督学习是深度学习的新常态。 2.由于依赖于空间和顺序相关性，所以，图像和文本数据的自监督学习技术取得巨大进步。 3.表格数据的自监督学习技术当前进展甚微。
计算机视觉	自监督学习方法依赖于数据的空间和语义结构。对于图像，空间结构学习极其重要，包括旋转、拼接和着色在内的不同技术被用作从图像中学习表征的前置任务。对于着色，将灰度照片作为输入并生成照片的彩色版本，着色过程生动逼真。 另一种广泛用于计算机视觉自监督学习的方法是放置图像块。如提供一个大型未标记的图像数据集，并从中提取随机的图像块对；在初始步骤之后，卷积神经网络预测第二个图像块相对于第一个图像块的位置。 还有其他不同的方法用于自监督学习，包括修复和判断分类错误的图像。	
表格数据处理	由于表格数据没有空间关系或语义结构，因此现有的依赖空间和语义结构的技术是没有用的，故自监督学习目前对表格数据无效。但一些研究提供了新的方向。 如有人提出了一种去噪自动编码器的机制，前置任务是从损坏的样本中恢复原始样本；还有人提出了一种上下文编码器，从损坏的样本和掩码向量中重建原始样本。 另有研究提出了一种新的前置任务，可以使用一种新的损坏样本生成技术来恢复掩码向量和原始样本；同时提出了一种新的表格数据增强机制，可以结合对比学习来扩展表格数据的监督学习。	

① Adeel:《自监督学习简介以及在三大领域中现状》，知乎，https://zhuanlan.zhihu.com/p/430376315。

5. 与深度学习的关系

深度学习既有监督学习也有无监督学习，还有半监督学习；而自监督学习中的“预训练”属于深度学习，同时，自监督学习又可以被看成是无监督学习的一种特殊情况。所以，上述这四类学习都可以算作深度学习的范畴。

三、强化学习、迁移学习与神经网络、深度学习的关系

1. 神经网络

神经网络（Neural Network，NN）是人工神经网络（Artificial Neural Network，ANN）的简称，或被称作连接模型（Connection Model）。它是一种模仿动物（主要是指人类）神经网络的行为特征，进行分布式并行信息处理的算法数学模型。这种网络依靠系统的复杂程度，通过调整内部大量节点之间相互连接的关系，达到处理信息的目的。

人工神经网络是生物神经网络在某种简化意义下的技术复现。作为一门学科，它的主要任务是根据生物神经网络的原理和实际应用的需要建造实用的人工神经网络模型，设计相应的学习算法，模拟人脑的智能活动，然后在技术上实现并用以解决实际问题。因此，生物神经网络主要研究的是智能机理，而人工神经网络则是研究智能机理的实现，所以，两者相辅相成。[①]

神经网络与深度学习的关系：深度学习的概念源于人工神经网络的研究，但是并不完全等于传统神经网络。不过在叫法上，很多深度学习算法中都会包含"神经网络"这个词，比如循环神经网络、卷积神经网络等，所以，深度学习可以说是在传统神经网络基础上的升级，约等于神经网络。

2. 强化学习

强化学习（Reinforcement Learning，RL）属于神经网络、深度学习的产物，是介于监督学习、无监督学习

---

① 《中国邮电百科全书：电信卷》，人民邮电出版社，1993年9月第1版，第637页。

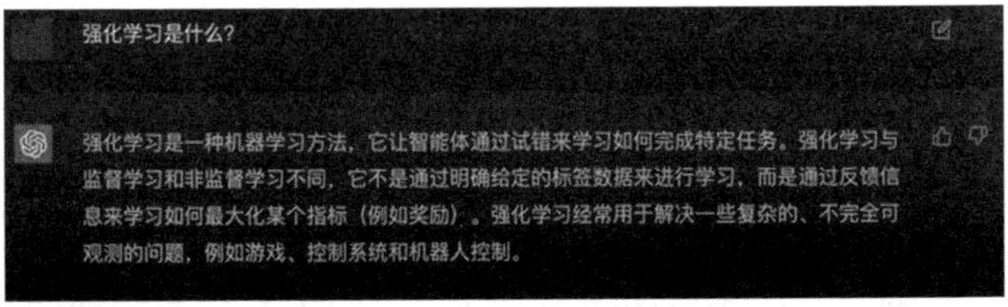

图3-2　ChatGPT对强化学习的阐释

两者之间，每一步对预测或行为都或多或少有一些反馈信息，但是却没有准确的标签或者错误提示的一种机器学习方法。在强化学习模型当中，系统被放在一个能让它通过反复试错来训练自己的环境中，然后机器从过去的经验中进行学习，并且尝试做出精确的判断。

强化学习是根据奖惩函数的反馈来调节参数并不断循环这一过程使目标最大化的学习过程，主要用于动态系统处理、机器人控制等领域，可以训练机器进行决策。

强化学习与监督学习的区别：在强化学习模型中，输入数据作为模型的反馈优化模型；而在监督学习模型中，输入数据仅仅作为检查模型对错的方式。

3. 迁移学习

迁移学习（Transfer Learning）是指一个预训练的模

型被重新用在另一个任务中的学习方法。它能将适用于大数据的模型迁移到小数据上来，作为小数据模型的训练起点，节约训练神经网络需要的大量计算和时间资源。

迁移学习通常与多任务学习、概念漂移[①]等问题相关，不属于专门的机器学习领域。迁移学习在诸如计算机视觉任务、自然语言处理任务等某些深度学习的训练中大受欢迎，这些任务一般需要具备两个条件：一是具有大量训练深度模型所需的资源或者具有大量的用来预训练模型的数据集；二是只有在第一个任务中的深度模型是泛化特征的时候，迁移学习才会起到作用。

比如，ChatGPT等自然语言模型训练使用的“预训练+微调”技术就用到了迁移学习。

因此，在计算机视觉任务、自然语言处理任务等深度学习中，将预训练模型作为新模型的起点是一种常用的方法。通常这些预训练模型在开发神经网络的时候已

---

① 在预测分析和机器学习中的概念漂移，表示目标变量的统计特性随着时间的推移以不可预见的方式变化的现象。随着时间的推移，模型的预测精度将降低。“概念”通常是指被预测的目标变量，也可以指其他目标。

经消耗了巨大的计算资源和时间资源，迁移学习可以将模型已经学到的强大技能进行归纳并迁移到相关的问题上来。所以，这种深度学习的迁移被称作归纳迁移，也就是通过使用一个适用于不同但是相关任务的模型，以一种有利的方式缩小可能模型的搜索范围。

早在2005年美国国防部高级研究计划局（DARPA）正式提出“Transfer Learning”这一术语之前，迁移学习这一概念便以很多不同的名称出现在人工智能领域的各种探索中，包括基于案例的推理、类比学习、终身机器学习、知识重用和重建、永无止境的学习和领域自适应等。2009年，新加坡南洋理工大学潘嘉林（Sinno Jialin Pan）和香港科技大学教授杨强在一篇调查报告中正式提出人工智能领域的“迁移学习”概念，并得到学界广泛认可。

迁移学习包括样本迁移、特征迁移、模型迁移和关系迁移四种实现方法，参见表3-3。

表3-3　迁移学习的四种实现方法与前沿方向①

<table>
<tr><th>实现方法</th><th>具体操作</th><th>前沿方向</th></tr>
<tr><td>样本迁移</td><td>1.一般是对样本进行加权，给比较重要的样本较大的权重。
2.在源领域的数据集中找到与目标领域相似的数据，把这个数据放大多倍，并与目标领域的数据进行匹配。
特点：需对不同例子加权；需用数据进行训练。</td><td rowspan="4">1.强化迁移学习，即迁移智能体学习到的知识。比如，模型学会了某个游戏，那么在另一个相似的游戏里面，模型也可以应用一些类似策略。
2.传递性迁移学习。比如，两个领域之间相隔太远，那么就插入一些中间域，一步步做迁移。
3.无源迁移学习，即不知道是哪个源领域时如何使用迁移学习。</td></tr>
<tr><td>特征迁移</td><td>1.在特征空间进行迁移，一般需要把源领域和目标领域的特征投影到同一个特征空间里进行。
2.观察源领域图像与目标领域图像之间的共同特征，利用观察所得的共同特征在不同层级的特征间进行自动迁移。</td></tr>
<tr><td>模型迁移</td><td>将整个模型应用到目标领域去，如目前常用的对预训练好的深度网络做微调，又叫参数迁移。其好处是可以和深度学习结合起来，可以区分不同层次可迁移的度，相似度比较高的层次被迁移的可能性大一些。
比如，利用上千万参数的数据训练一个自然语言系统；之后，当我们遇到一个新的自然语言领域，就不用再去找几千万参数的数据来训练了，可以将原来的自然语言系统迁移到新的领域，于是在新的领域只用几万参数即可获取相同的效果。</td></tr>
<tr><td>关系迁移</td><td>即社交网络之间的迁移。</td></tr>
</table>

① 参考李智华《一文看懂迁移学习：怎样用预训练模型搞定深度学习？——重用神经网络的结构》一文并略作整理，https://www.cnblogs.com/bonelee/p/8921311.html。

4. 多任务学习

多任务学习（Multi-Task Learning，MTL）通过使用包含在相关任务的监督信号中的领域知识来改善机器学习的泛化能力，是一种很有前景的机器学习方法。

一般来说，多任务学习具有两个基本因素。① 一是任务的相关性。这是基于对不同任务关联方式的理解，这种相关性会被编码进多任务学习模型的设计中。

二是任务的定义。在机器学习中，学习任务主要包含监督学习任务、无监督学习任务、半监督学习任务、主动学习任务、强化学习任务、在线学习任务和多视角学习任务。不同的学习任务对应不同的多任务学习设置。

5. 强化学习、迁移学习与深度学习的关系

强化学习与迁移学习都属于深度学习，这三者都属于机器学习。它们之间的关系，以及对于机器学习或人工智能发展的意义，参见图3-3。其中，迁移学习代表的

① 周茜：《基于多任务学习的人脸识别方法》，硕士学位论文，西北大学，2013年。

是未来。

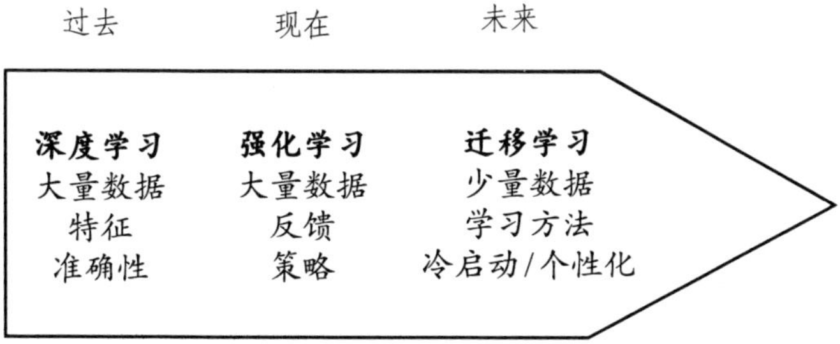

图3-3　机器学习的过去、现在与未来

四、模型、预训练模型、算法和程序及其区别

一些人弄不清什么是模型、算法和程序，这里简要解释其概念与区别。

所谓模型，就是将现实问题进行抽象化，抽象成数学公式，比如车的速度（Y）与车的驱动马力（A）、耗油量（S）、载重（E）的关系，最后抽象成一个数学公式Y=F（A，S，E）。可以先不用管这个公式具体所表达的量变与关系。

所谓算法，通俗地说就是“算”的方法，比如我们初中就开始学习的一元二次方程解法，高中就开始学习的微积分解法。把“数学公式”表示的模型算出来，就需要算法。

所谓程序，要从算法开始谈：算法可以由人来算，也可以借助计算机来算；如果借助计算机来算，用计算机可理解的语言写出来的“算法”就是程序。

这里侧重提一提预训练模型，因为它涉及本书的主题，比较重要。

模型中的预训练模型是一个通过大量数据进行训练并将知识保存下来的网络。可以这样来简易理解：前人创造出来一个大模型，当后人遇到了类似的新问题时，便无须从零开始训练新模型，而可以直接从前人这个模型入手，进行简单的训练学习便可以解决新问题。可以这样来类比：你学会了开手动挡的汽车，而你实际要开的是自动挡的汽车，这时，你就不必从头学起，只需在自己已有的经验上稍加迁移训练、微调技术便能实现。

预训练模型是迁移学习的一种应用。当神经网络用数据训练模型时，在数据中获取的信息本质上就是多层网络的一个权重。我们提取这个权重并迁移到其他网络上，于是，其他网络便学到了这个网络的特征和它所拥有的知识。

预训练模型主要分为两大分支，一支是自编码语言模型[①]，另一支是自回归语言模型[②]。当下火爆异常的ChatGPT及其依托的基础模型框架GPT系列就是典型的自回归语言模型，是从预训练模型开始训练的。ChatGPT及GPT系列模型的总体结构分为两个部分，一是无监督的预训练阶段，二是有监督的下游任务精调阶段，后文将详细解读。

五、大模型及其与深度学习的关系

ChatGPT之所以如此优秀，主要原因之一就在于人

---

① 自编码语言模型（Autoencoder Language Model），对输入的句子随机掩码其中的单词，预训练过程的主要任务之一是根据上下文单词来预测被掩码的单词，被掩码的单词就是在输入侧加入的噪声。

② 自回归语言模型（Autoregressive Language Model），根据上文内容预测下一个可能跟随的单词，就是常说的自左向右的语言模型任务，或者反过来，根据下文预测前面的单词。

工智能大模型的架构及其“预训练+微调”技术（后文将详细讲述）。

人工智能大模型属于深度学习模型的范畴，它们之间的关系如图3-4所示。深度学习的出发点是更深层次的神经网络，但细分起来也会有非常多的不同模型，比如常见的CNN、DNN等。由于“模型”是将现实抽象成数学公式，所以深度学习模型也就对应不同的数学公式，而大模型的“大”的具体含义就是数学公式更复杂、参数更多。

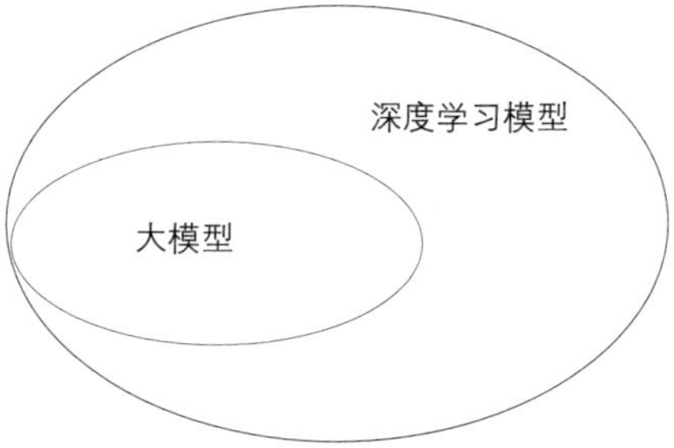

图3-4　大模型与深度学习模型的关系

大模型的参数量很大，学习的数据量很大，模型的泛化能力更强。所谓泛化能力，通俗来讲就是一专多能，可以完成多个不同的任务。

2017年Transformer架构的提出，使得深度学习模型参数突破了1亿。BERT网络模型被提出时，参数量首次超过了3亿规模。GPT-3模型参数量超过千亿，Switch Transformer的问世甚至一举突破万亿参数规模。而大模型的ChatGPT会是怎样的呢？目前OpenAI还未公布。

近两年来，国内的大模型也蓬勃发展，已经出现多个参数量超过千亿的大模型。比如浪潮源1.0模型，其参数规模高达2457亿，训练采用的中文数据集达5000GB。该模型在语言智能方面表现优异，获得中文语言理解评测基准CLUE榜单的零样本学习和小样本学习两类总榜冠军。

2021年8月，包括华裔科学家李飞飞在内的100多位学者联名发表一份200多页的名为“On the Opportunities and Risk of Foundation Models”的研究报告。该报告详细描述了当前大规模预训练模型所面临的机遇和挑战。在文章中，大模型被统一命名为Foundation Models，可以翻译为基础模型或基石模型；同时，该论文还肯定了Foundation Models对智能体基本认知能力的推动作用。

大模型真是通往机器学习认知智能的桥梁吗？从GPT-3和当下火爆异常的ChatGPT的表现来看，似乎是这样的。但是，目前我们依然无法对此做出肯定而准确的回答。这些问题我们将在后面章节进一步探讨。

第四章 大模型，AI 迈向“通用”的里程碑

“数据是燃料，模型是引擎，算力是加速器。”ChatGPT、GPT-4、AutoGPT 的惊艳出场，恰如其分地诠释了前几年业界流行的这一说法，进而再次引爆、升华了数据、模型和算力等内在的“化学反应”。在这个创新性的化学反应之中，其核心架构与桥梁，正是上承应用、下接芯片、中联算法的人工智能大模型框架。

一、AI 大模型概念

大模型是人工智能领域近几年兴起的一个重要概念，又称基础模型或基石模型，是与“小模型”相对而言的。所谓小模型，是指人工智能针对特定应用场景训练的模

式，在这个模式下，不仅需要给机器喂养海量的标注数，而且需要大量的手工调参，成本较高，且拉低了人工智能的研发效率。这是业界人工智能的主流训练方式，训练出来的人工智能，不具备迁移到其他应用上的能力，只能从事某一类别的事项，比如下围棋、智能语音等。

大模型是指通过在大规模宽泛的数据集上进行训练后能适应一系列下游任务的模型。也就是在无标注的大数据集上采用自监督学习的方法进行训练，之后，在其他场景的应用中，开发者只需要对模型进行微调或采用少量数据进行二次训练，就可以满足新应用场景的需要。

这个概念有点“授人以鱼不如授人以渔”的味道，即训练人工智能“触类旁通”的能力。在人工智能具备这一能力后，类似的众多事情，只需稍加点拨（即对模型进行微调或采用少量数据进行二次训练），它即可以此类推，学会做其他事情，而不是只会做某一件事或少量类似的事。也就是说，通过大模型的训练提升了机器的“通用”“迁移”智能，这就是迁移学习，和人类“类推”学习能力基本相似。这就是ChatGPT、GPT-4、AutoGPT

的“可怕”之处。

所以，人工智能的大模型可以让所有下游的小模型受益，大幅提升人工智能的适用场景和研发效率，因而成为当下业界竞相投入的重点方向，比如国外的微软、脸书、谷歌，国内的腾讯、百度、阿里、华为等巨头都纷纷推出超大模型。特别是在2020年6月，OpenAI在训练约2000亿个单词、烧掉几千万美元后，推出史上最强大的AI模型GPT-3，一炮而红。GPT-3大模型在翻译、问答、内容生成等领域的出色表现，让业内人士赞不绝口，同时也让人们看到实现通用人工智能的希望。目前的ChatGPT是基于GPT-3.5架构，在GPT-3之上的进一步调优与能力增强的版本。

对于大模型来说，参数巨大是一项重要表征，而其他诸如模型深度、网络结构等也很重要，只是不够直观。大模型除开巨大参数之外，也应同时具备多种模态信息的高效理解能力、跨模态的感知能力及跨差异化任务的迁移与执行能力等。

二、大模型的产生及发展

大模型起源于自然语言处理领域。NLP抛弃了序列依赖的RNN模型，大多采用了谷歌于2017年提出的“注意力是你所需”（Attention Is All You Need）[①]的Transformer网络架构，进而在该领域逐渐成为基础性架构。

虽然目前大模型主要集中在NLP领域，但是，近两三年来，图像领域也不甘示弱，CNN大模型也开始陆续涌现。大模型的发展可以从五个维度来看。

1. 产生的原因

深度学习作为新一代人工智能的标志性技术，依赖模型自动从数据中学习知识，在显著提升性能的同时，也面临着通用数据激增与专用数据匮乏的矛盾。大模型兼具“大规模”和“预训练”两种属性，面向实际任务建模前需在海量通用数据上进行预先训练，能大幅提升人工智能的泛化性、通用性和实用性。所以，大模型是

① “Attention Is All You Need”，谷歌研发团队在2017年发表的一篇论文，团队在论文中正式提出了著名的Transformer网络架构。

人工智能迈向通用智能的里程碑技术。

2. 从感知到认知的飞跃

过去的十多年，人工智能在感知智能方面进展迅猛，特别是依托Transformer架构的BERT（谷歌提出的用于生成词向量的BERT算法在NLP的11项任务中取得了非常出色的效果，堪称2018年深度学习领域最振奋人心的消息）、GPT系列等预训练模型相继问世。2019年，基于预训练模型的算法在阅读理解等方面超过了人类水平。此后，NLP技术在该领域的各大任务上得以大幅提升。

当下，人工智能正从“能听、能看、会说”的感知智能，快速走向“能思考、能翻译、能答问、能总结、能创作”，甚至“能推理、能决策”的通用性认知智能层面。

3. 参数规模的演进

从参数规模上看，近年来，大模型先后经历了预训练模型、大规模预训练模型、超大规模预训练模型三个阶段，众多模型参数量从起初的几亿，快速增长为数十亿乃至千亿、万亿规模。

比如自然语言领域的GPT系列，从GPT-1的1.17亿参数到GPT-3的1750亿参数；而Switch Transformer的问世甚至一举突破了万亿参数规模。

而在图像处理领域，Google通过EfficientNet-L2发布了4.8亿参数规模的网络模型，GPipe拥有6亿参数规模，2ResNeXt WSL拥有8亿参数，Top-1 Acc甚至首次突破90亿参数。要知道在2020年之前，绝大多数的CNN网络模型规模都没有超过1亿。

4. 综合因素的急速提升

近几年来，大模型无论是大小、数据量，还是计算资源占用都在急速增长。比如，GPT-3训练数据达到了空前的45TB，需要的算力更是BERT的1900多倍，当然，这类大模型的性能也在大幅度提升。

5. 多模态的支持与发展

大模型从支持图片、图像、文本、语音单一模态下的单一任务，逐渐发展为支持多种模态下的多种任务发展。

国内如华为于2021年发布首个中文千亿级的盘古模型；中科院自动化所于2021年提出首个三模态的“紫东太初”大模型；百度于2022年发布10个产业级知识增强的ERNIE模型。国外如OpenAI于2020年开始推出的大模型在规模及多模态能力上大幅飙升，特别是2022年11月底ChatGPT的横空出世，更是将大模型的多模态水准推上了前所未有的高度。

三、大模型的核心技术与方向

预训练成为大模型认知智能的核心技术。

1. “预训练+微调”技术

2017 年 Transformer的提出，催生了基于自监督学习的利用大规模文本学习众多语言的预训练模型，如BERT、GPT、T5等。特别重要的是，由此诞生了“预训练+微调”的重要技术。这种在早已预训练好的大模型基础上，针对每一个具体的NLP任务，用有限标注数据进行微调的创新技术，提供了“一站式”解决不同语言和不同NLP任务迁移学习问题的创新思路，为通用智能的发展洞开了一道前所未见的门户。

比如，2018年10月谷歌发布的BERT就是典型的大模型，提取英文维基百科与BookCorpus里纯文字的巨量数据，无须标注，直接利用提前设计好的两个自监督任务来训练，训练好的模型通过微调可以在11个下游任务上实现很好的性能。再比如，2020年5月OpenAI发布的自回归语言模型GPT-3，是通过互联网海量文本数据训练得到的基础模型，可以使用提示的例子完成各式各样的任务。这类模型正在成为人工智能的主流范式。

2. 预训练模型领域关注的重点

预训练模型领域目前较为关注的研究有：对已有AI大模型架构的创新性研究；如何训练超大参数规模的模型，探寻更加有效的AI大模型训练方法和加速方法；如何开发模型以应对更广泛的多模态预训练及推理加速方法；如何推动零样本学习和小样本学习；如何简化如GPT-3那样用一套提示机制来统一所有下游任务的微调技术和步骤等。

3. AI 大模型预训练的方向

NLP 等认知智能代表了人工智能未来的发展方向。从大数据出发到建立信息搜索引擎，到创建知识图谱并实现知识推理，再到发现趋势而形成观点和洞见，人工智能接近或超出人类认知智能的例子比比皆是，见表4-1。

表4-1 人工智能接近或超出人类认知智能的例子

1	搜索引擎得益于阅读理解及预训练模型的发展，搜索相关度大幅度提升。
2	自动客服系统已经得以普及。
3	知识图谱在金融等领域得到广泛应用。
4	聊天机器人已经可以通过图灵测试。
5	机器翻译已经接近人类水准，目前得到普遍使用。
…………	

四、大模型的作用与解决的问题

大模型的“大规模”和“预训练”属性，决定了其具有能力泛化、降低训练研发成本、突破模型精度局限、技术融合和应用支撑五大作用，具体如下。

1. 大模型提供预训练方案，使其能力泛化和通用

从开发、调参、优化、迭代到应用，模型研发成本

极高，很难满足市场多样的定制化需求；而传统的AI模型由于受到数据规模、模型表达能力等方面的约束，往往只能针对性地支持一个或一类任务。大模型摆脱了这些碎片化、作坊式开发的束缚，预先通过海量通用数据的大规模训练，不仅具备了多种基础能力，而且还可以有效地从这些大量标记和未标记的数据中捕获知识，进而将这些知识存储到大量的参数中，之后可以结合垂直行业需求进行模型微调，从而能够应用于多种行业及多种业务场景。

例如，在NLP领域，预训练大模型共享了预训练任务和部分下游任务的参数，在一定程度上解决了通用性的难题；同时，模型在多项推理和知识任务中的性能被显著提升，从而使其广泛地适用于翻译、问答等多种自然语言任务。

2. 大模型通过自监督学习功能降低训练、研发成本

人工数据标注依赖于昂贵的人工成本，而在互联网和移动互联网时代，大量的未标注数据却很容易获得，所以自监督学习在一定程度上解决了人工标注成本高、

周期长、准确度不高的问题。

由于预训练的大模型具有一定的通用性，所以很多下游应用使用小样本就可以训练出自己所需模型，极大地降低了开发成本。例如，BERT在2018年被首次提出时，便一举击败11个NLP任务的State-of-the-Art，成为NLP界的新宠，同时为模型训练和NLP领域打开了新的思路。

3. 大模型有望突破现有模型结构的精度局限

从深度学习前10年的发展历程来看，模型精度提升主要依赖神经网络结构的变革。但是，随着网络结构设计的逐渐成熟并趋于收敛，模型精度的提升已经变得非常困难。而模型规模与数据规模的不断增大有利于提升模型精度，这正是大模型的用武之地。

4. 技术融合

单个AI大模型通过端到端联合训练调优，能有效集成计算机视觉、自然语言处理、智能语音、知识图谱等AI核心研究领域的多项技术，进而显著提升大模型功能的丰富性和性能的优越性。

5. 应用支撑

大模型可解决传统AI应用过程中存在的壁垒多、部署难等问题，成为上层应用的技术底座，能够有效支撑智能终端、系统、平台等产品的应用落地。

大模型是如何做到泛化通用的呢？这主要得益于“预训练＋微调”的技术范式，可大致归纳为三点，如表4-2所示。

表4-2 大模型“预训练＋微调”技术通用性的三点核心原因

	说明	例证
海量数据	大模型自监督的训练模式意味着更易获得大规模无标注数据，用于训练。	CLIP使用了4亿个“图像－文本对”，文澜2.0使用了6.5亿个“图像－文本对”，用于训练。
储藏知识	参数量的剧增大大提升了模型的表达能力，进而可以更好地建模海量训练数据中包含的通用知识。	ChatGPT继承了GPT-3的海量知识。
迁移通用	在共享参数的情况下，对不同下游的不同实验做出相应微调，进而形成通用性优越表现。	ChatGPT在GPT-3翻译、问答等多种“通用能力”的基础上，性能大幅提升。

五、Attention机制与Transformer网络

不论是谷歌提出的BERT算法，还是OpenAI开发的GPT系列，包括当下火爆的ChatGPT等NLP大模型，都是基于2017年谷歌提出的Transformer网络模型架构。Transformer架构是ChatGPT的核心技术之一。

Transformer又是基于注意力机制（Attention机制）。目前，大部分Attention机制模型都是依附于Encoder-Decoder框架来实现。

1. Encoder-Decoder框架

Encoder-Decoder框架就是编解码框架，在NLP中主要被用来处理序列–序列问题（这两个序列可以是任意长度），即输入一个序列，生成一个序列的问题。具体到NLP中的任务来说：

（1）用于文本摘要，输入一篇文章，即可生成文章的摘要。

（2）用于文本翻译，输入一句或一篇英文，即可生

成翻译后的中文。

（3）用于问答系统，输入一个问题，即可生成一个答案。

目前，基于Encoder-Decoder框架具体使用较多的模型实现是Seq2Seq模型①和Transformer模型。后者正是我们要特别关注的。

2. Attention机制

对于人类而言，当映入眼帘的信息过载时，人们会将注意力放在主要的信息上，这就是人的注意力机制。而深度学习的Attention机制就是模仿人的注意力机制而设计。

注意力机制的本质是从大量信息中筛选出少量重要信息，并聚焦在这些重要信息上，忽略其他大多数不重要的信息，其具体原理及运行操作比较烦琐，这里不再赘述。总之，该机制就是依托Encoder-Decoder框架，由编码和解码两部分组成，在输入一个序列数据和生成一

---

① Seq2Seq模型是一种循环神经网络的变种，包括编码器和解码器两部分。Seq2Seq模型是自然语言处理中的一种重要模型，可以用于机器翻译、对话系统、自动文摘。

个序列数据的过程中，能让模型对重要信息重点关注并充分学习吸收。它不算是一个完整的模型，而是一种技术，能够作用于任何序列模型中。Attention机制的优缺点参见表4-3。

表4-3 Attention机制的优缺点

	具体内容
优点	1.解决了RNN不能并行计算的问题，并不再依赖于RNN，所以速度快。 2.因为注意力集中，模型能够获取局部的重要信息，能够抓住重点，所以效果好。
缺点	1.只能在解码阶段实现并行运算，编码部分依旧采用RNN，例如长短期记忆网络（Long Short-Term Memory，LSTM）①等按照顺序编码的模型，编码部分还是无法实现并行运算，不够完美。 2.由于该机制编码部分目前仍旧依赖于RNN，所以对于中长距离之间两个词的关系没有办法很好地获取。

如表4-3所示，为了改进Attention机制的缺点，更加完善的自注意力机制（Self-Attention机制）②出现了。自

① 长短期记忆网络是一种时间循环神经网络，是为了解决一般的RNN存在的长期依赖问题而专门设计出来的，所有的RNN都具有一种重复神经网络模块的链式形式。在标准RNN中，这个重复的结构模块只有一个非常简单的结构，例如一个tanh层。

② 传统的Attention机制发生在Target的元素和Source中的所有元素之间；自注意力机制不是输入语句和输出语句之间的Attention机制，而是在输入语句内部元素之间或输出语句内部元素之间发生的Attention机制。例如在Transformer中计算权重参数时，将文字向量转成对应的KQV，只需要在Source处进行对应的矩阵操作，用不到Target中的信息。

注意力机制是注意力机制的改进与完善，它减少了对外部信息的依赖，更擅长捕捉数据或特征的内部相关性。

3. Transformer 网络架构

2017年，谷歌团队在一篇名为“Attention Is All You Need”的论文中首次提出了Transformer网络模型架构。该论文使用Attention替换了原先Seq2Seq模型中的循环结构，给自然语言处理领域带来极大震动。随着研究的推进，Transformer等相关技术也逐渐由NLP流向其他领域，例如计算机视觉、语音、生物、化学等。

Transformer架构主要有三个优点：一是相对于原先Seq2Seq模型中的循环结构，每层计算的复杂度更优，效果更好；二是可以并行训练，速度快；三是很好地解决了长距离依赖的问题。

其缺点主要是，该机制完全基于自注意力机制，对于词语位置之间的信息有一定的丢失，虽然加入了一些程序来解决这个问题，但依然不太理想。

总之，Transformer是非常有潜力的语言、图像处理模型架构，在其基础上衍生出了BERT和GPT这两个自然语言处理的大“杀器”，在业界掀起了风潮，特别是ChatGPT的面世更是火出了圈。

六、“预训练+微调”技术策略

前文已经讲过，包括ChatGPT在内的众多语言处理模型都是基于自监督学习，在某个预训练模型上利用大规模文本进行学习，在此基础上，针对每一个具体的自然语言任务，用有限的标注数据进行微调。这种迁移学习技术推动了自然语言处理领域的大发展，这就是著名的“预训练+微调”技术策略。当然，这种技术或策略也可应用于图像模型的处理上（前文已有举例）。

关于“预训练+微调”技术的巨大魅力，这里举一个简单的例子。比如，我们利用上千亿参数的数据集去训练好了A这个自然语言系统（超大模型）之后，遇到了一个新的自然语言领域B，就不用再去找几千亿参数的数据集来训练B了，而可以将A这个自然语言系统迁移到新的领域；那么，在新领域的B系统（或模型）中，只需用几亿参数（而不是几千亿参数）的新数据集训练便可以获得相同的效果，这将极大地节约资源与节省学习时间。

由此，面对我们的目标模型（即类别相似的新领域），预训练大模型的选择就显得非常重要了，这就与深度学习结合了起来。我们可以区分不同神经网络层次可迁移的度，相似度比较高的那些层次被迁移的可能性就大得多。

也就是说，我们希望网络能够在多次正向或反向迭代的过程中，找到合适的权重。通过使用之前在大数据集上经过训练的预训练模型，我们就可以直接使用相应的结构和权重，将它们应用到我们正在面对的问题上，即将预训练的模型“迁移”到我们正在应对的特定问题（即目标模型）上来。

当然，如果我们面临的问题（目标模型）与预训练模型训练情景下输出的结果有很大的出入，那么，目标模型所得到的预测结果将会非常不准确。比如，把一个原本用于自然语言识别的系统作为预训练模型“迁移”用来训练用户识别的目标模型，结果肯定是不理想的。

另外，这里简单解释一下预训练模型的训练与使用方法，以自然语言处理为例，主要工作分为三步，如表4-4所示。

表4-4　预训练模型的训练与使用方法（以NLP为例）

第一步	用词嵌入方法将所要处理数据的字符串转换成数字。
第二步	使用基于Transformer框架的方法对词向量进行训练。
第三步	将训练得到的网络进行微调，即针对具体的任务进行修正。

七、微调模型

在选择好已经完成训练学习的预训练模型之后，接下来就是微调模型的工作了。微调模型实质上就是对新模型（解决目标新领域的问题）的训练，只是工作量与资源等大大减少了而已。

1. 微调训练的方法

微调训练的方法主要有三种，分别如下。

（1）提取模型特征

将预训练模型的输出层去掉，把剩下的整个网络当作一个固定的特征提取装置，进而应用到新的数据集上。

（2）采用模型整体结构

采用预训练模型的结构，先将所有的权重随机化，然后按照目标数据集进行新模型的训练。

（3）特定层训练，其他层冻结

针对预训练模型的某些特定部分进行训练，即将模型起始的一些层的权重保持不变，重新训练后面的层，得到新的权重。这个过程有时需要进行多次尝试，从而使人们能够依据结果找到冻结层和再训练层之间的最佳搭配。

2. 微调模型的四大操作

如何微调模型，即使用与训练这个新模型，是由数据集大小及预训练的数据集和当下要解决的新数据之间的相似度来决定的，主要分为四种情形，具体操作如表4-5所示。

表4-5 微调模型在四种不同数据指标下的操作

	数据指标	具体操作
情形一	数据集小，数据相似度不高（与预训练模型的训练数据相比较，下同）。	冻结预训练模型前k个层的权重，然后对其后n-k个层重新训练，当然，最后一层需要根据相应的输出格式进行修正。由于数据的相似度不高，重新训练的过程就变得非常关键。而新数据集大小的不足，则通过冻结预训练模型的前k个层进行弥补。
情形二	数据集小，数据相似度高。	不需要重新训练模型，只需要将输出层改制成符合问题情境的结构就好。使用预训练模型作为模式提取器。
情形三	数据集大，数据相似度不高。	因为数据集很大，模型训练过程将会比较有成效。然而，由于新旧数据相似度不高，差异很大，采用“预训练+微调”机制或有不妥，最好将预处理模型中的权重全都初始化后，在新数据集的基础上重新开始训练。
情形四	数据集大，数据相似度高。	采用预训练模型会变得非常高效，这是最理想的情况。此时最好保持模型原有的结构和初始权重不变，随后在新数据集的基础上重新训练。

在大致明白人工智能大模型、Attention机制、Transformer网络、预训练机制与微调技术等概念、网络机制、算法之后，我们对于后面章节展开讲解的ChatGPT训练机制与难度，以及它如何炼成如此杰出的“通用智能”，进而让全球为之沸腾的原因的理解，就会容易得多。

第五章　ChatGPT 是如何“炼”出来的

在探讨本章主题之前，先简单科普一下人工智能在通常情况下的学习训练过程，以便一些没有人工智能基础的朋友能够直观、快速地理解ChatGPT的训练过程。当然，了解了ChatGPT的训练过程，也就大致了解了GPT-3、GPT-4、AutoGPT等训练过程。

一、人工智能炼成粗线

人工智能就像一个机器大脑，是通过不断学习训练出来的。传统的程序是人们学习诸如C语言、JavaScript等机器语言，通过编程来指挥机器做事；而人工智能是赋予机器视觉，使其通过模拟人类大脑来学习、思考、辨别事物与行为。由此，人工智能便被打造成一个可塑性极强的“类大脑”。

对于人类来说，大脑由数以亿计的神经元组成，这些神经元之间的连接强度是可变的，人们正是通过改变神经元之间的连接强弱来学习各种知识、辨识新生事物、强化各项技能，如写字、画画、游泳、交际等。

人工智能模拟人类大脑来构建人工神经网络，并利用这些网络来模仿人类学习的过程。现代神经网络模型的神经元数量可以达到千万级别，这样的人工智能，就可以像人类一样去学习观察、总结经验、执行任务，还能够“自学成才”，犹如一个超级学霸。

既然这样，那么，人工智能是怎样学习的呢？这需要人工对其进行训练，就犹如老师教小孩一样。训练师一般会使用监督学习、无监督学习与强化学习等方式去训练人工智能。

监督学习。如幼儿园老师会给小孩看大量的图片，让孩子学习辨认出各种事物。用类似的方式，训练师给人工智能输入大量信息并告诉它答案，人工智能看了足够多的信息后，就能进行识别了。这样，人工智能通过大量的学习就可以进行路牌识别、人脸识别等工作了。

无监督学习。人工智能分析数据集的概要内容，根据学习观察到的特征，把自己认为相似的东西分成不同的组来辨别。这样，人工智能就可以从繁杂的信息中找到所需的信息或规律，就像人类分析问题一样。

强化学习。人工智能直接与环境互动，通过环境给出的奖励学习，通过一系列动作获得最大的奖励。在互动的过程中，人工智能会不断调整自己的行为，对环境变化做出最佳反应。例如，人工智能在经过多次训练后，就可以完成俄罗斯方块游戏并能够顺利通关。强化学习适用于训练各类技巧性的事项，如无人驾驶、无人机、玩游戏等。

在实践中，上述三种学习训练方式经常被综合使用，进而让人工智能变得更加智能。比如“生成对抗网络”，即建立两个相同的神经网络，一个负责创作，另一个负责找碴儿，通过反复对抗博弈，最终训练出一个强大的人工智能。

就目前而言，人工智能所表现出来的，不管是情感还是思考模式，都是比较机械的，与人类相比还有巨大的差距。但是，随着科技的不断进步，人工智能正在加速迭代发展，其功能也会变得越来越强大，比如ChatGPT的惊艳亮世。

有了上述的简要对比铺垫，想必大家对人工智能的学习训练过程就有了一个大致概念，现在我们转入本章主题。

二、ChatGPT 训练概况

ChatGPT在效果强大的大语言模型GPT-3.5的基础上，采用了人类反馈强化学习的训练方法，即使用大量的文本数据进行预训练，然后进行微调。其主要目的是让大语言模型学会理解人类的指令，并能够针对人类输入的这些指令给出优质的答案，从而适用于不同的自然语言处理任务。这里的“优质答案”包括内容丰富、信息量大、对用户有益无害、不含歧视等众多标准。上述训练过程也就是上一章所提到的“预训练+微调”技术框架下的迁移学习法。

人类反馈强化学习是“人工标注数据+强化学习”的深度学习，它可以让模型在大规模无监督训练的基础上，通过人工标注数据来进一步调优，从而提高模型的性能和鲁棒性[①]，进而结合监督学习和强化学习来调优，

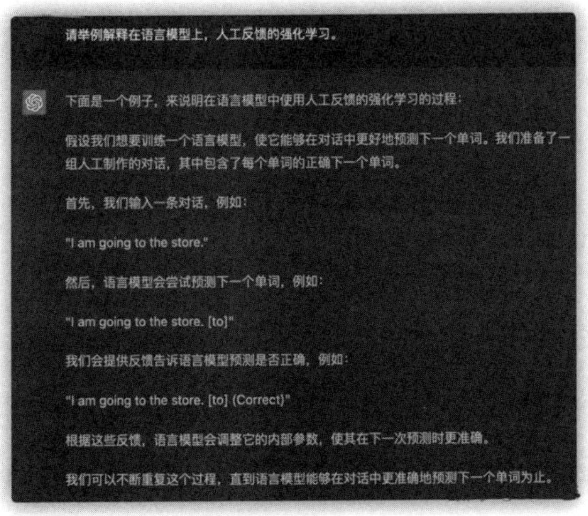

图5-1　ChatGPT给出的对“人类反馈强化学习”的阐释

---

① 鲁棒是Robust的音译，也就是健壮、强壮的意思。鲁棒性是指系统在异常和危险情况下生存的能力。比如，计算机软件在输入错误、磁盘故障、网络过载或有意攻击的情况下，能否不死机、不崩溃，就是该软件的鲁棒性。

使模型能够更加准确、自然、连贯地生成文本，如图5-1所示。显然，这种方法需要大量的人类参与和反馈，以及对这些反馈的处理和解释等，这也是它的局限性所在。

其中，人工数据标注工作包括数据采集、数据清洗、数据标注、数据质检等，是构建模型预处理工作中数据准备的重要一环。如果没有人工标注来清洗出一些不恰当的内容，那么像ChatGPT这样的语言模型很有可能输出错误信息。

ChatGPT的训练过程主要由监督调优模型、训练奖励模型和强化学习的增强训练三个阶段构成，参见表5-1。

表5-1　ChatGPT训练的步骤、方式与操作

步骤	方式	具体操作
第一阶段	监督调优模型	为让ChatGPT学会自然语言的规则和模式，使用监督学习方式的大量带有标签的文本数据集来训练它。这些标签告诉ChatGPT文本的正确性和上下文文意、关键词特征等信息，通过训练使其能够生成更加准确和连贯的文本。
第二阶段	训练奖励模型	ChatGPT通过使用强化学习中奖励模型的奖励机制来进一步训练。当其生成合理、有条理和通顺的文本时，奖励模型会给出正面的奖励值；而当其生成不合理、有误导性或无意义的文本时，奖励模型会给出负面的奖励值。通过这样的训练，ChatGPT即可生成更加自然、流畅和有逻辑的文本。

续表

步骤	方式	具体操作
第三阶段	强化学习的增强训练	使用一种名为近端策略优化（Proximal Policy Optimization，PPO）的机器学习算法来强化学习，以便调整奖励模型的性能，进而改善ChatGPT模型的生成效果。同时，使用一种叫作自微调（Self-Fine-Tuning，SFT）的技术来进一步提高其性能。自微调是一种在不使用人类反馈的情况下让模型依照当前任务和数据集自主学习、调整的微调模型技术，从而让ChatGPT在多个任务和数据集上进一步提高性能，表现得更加出色。
最后	性能评估	为了评估ChatGPT模型的性能，OpenAI使用了LAMBADA、COGS、ROCStories和WebText等多个标准数据集来测试模型的生成能力，并由此证明了ChatGPT在生成自然语言方面的性能远远超过了以往的NLP同类模型。

三、ChatGPT 训练的三大阶段

结合表5-1，这里对ChatGPT训练三大阶段的重要内容、核心环节及值得注意之处进行细化解读。

第一阶段：监督调优模型训练

OpenAI开发的GPT-3.5大模型语言架构，虽然非常强大，但是很难理解人类不同类型指令中蕴含的各种含义和意图，也很难判断生成的内容是否高质量。为了让GPT-3.5懂得“人的意图”，首先会从测试用户提交的指

令或问题（prompt[1]，或称提示）中随机抽取一批，由专业的标注人员给出高质量答案，也就是使用大量带有标签的文本数据集；然后用这些人工标注好的涉及文本正确性和上下文文意、关键词等特征信息的数据集去训练GPT-3.5模型。经过这个监督学习的过程，GPT-3.5初步学会理解人类的意图，即自然语言的规则和模式，并根据这些意图、规则和模式生成相对高质量的答案。当然，这仅仅是第一步。

第二阶段：奖励模型训练

此阶段的任务就是通过人工标注的带有标签的文本数据集来训练奖励模型。奖励模型属于强化学习中的一种奖励机制，ChatGPT通过该模型的奖励机制进行训练调整。当其生成合理、有条理和通顺的文本时，奖励模型会给出正面的奖励值；而当其生成不合理、有误导性或无意义的文本时，奖励模型会给出负面的奖励值。通过这样的训练，ChatGPT即可生成更加自然、流畅和有逻辑的文本。

---

① prompt是javaScript语言中的一个方法，主要用处是显示提示对话框。

具体而言，随机抽样一批用户提交的指令或问题（大部分和第一阶段的相同），使用第一阶段被训练微调好了的冷启动模型（即通过第一阶段训练出来的最初始的ChatGPT），对于每个指令或问题，由冷启动模型生成X个不同的回答，由此形成数据集。之后，标注人员对X个结果按照上文提到的内容丰富、信息量大、对用户有益无害、不含歧视等众多标准来综合考虑并进行排序，给出X个结果的排名顺序。最后，训练工程师利用这个排序的数据集来训练奖励模型，对于训练好的奖励模型来说，输入、输出结果的质量得分越高，说明回答质量越高。

第三阶段：强化学习的增强训练

此阶段的任务就是以强化学习来增强预训练模型的能力。其中，使用一种名为近端策略优化的机器学习算法来强化学习，以便调整奖励模型的性能，进而改善ChatGPT模型的生成效果；同时，使用一种叫作自微调的技术来进一步提高其性能。自微调是一种在不使用人类反馈的情况下让模型依照当前任务和数据集自主学习、调整的微调模型技术，从而让ChatGPT在多个任务和数据集上进一步提高性能，表现得更加出色。

本阶段无须人工标注数据，而是利用上一阶段训练好的奖励模型，通过奖励模型打分的结果来更新预训练模型参数。

具体而言，先随机采样一批新用户指令或问题，并由冷启动模型来初始化PPO模型的参数。注意，这批指令或问题与第一阶段、第二阶段的采样不同，这一点很重要，对于提升大语言模型理解指令或问题的泛化能力很有帮助。之后，对于随机抽取的指令或问题的样本，使用PPO模型生成回答，并用上一阶段训练好的奖励模型给这些回答的质量评估打分，这些打分就是奖励模型赋予整个回答的整体奖励，这里的“整个回答”由单词序列构成。有了整个回答的最终奖励，就可以把每个单词看作一个时间步，把奖励由后往前依次传递，由此产生的策略梯度可以更新PPO模型参数。这个训练过程属于标准化的强化学习，目的是训练大语言模型生成高质量的答案。

由ChatGPT训练过程的简要介绍可知，第二阶段的训练是通过人工标注数据来增强奖励模型的能力；而这个能力增强的奖励模型到了第三阶段，面对新的指令或问题采样所生成的回答打分就会更加准确；同时，在第三阶段还要利用强化学习来激励大语言模型学习新的高质量内容，这有点类似于利用伪标签扩充高质量训练数据，于是大语言模型的能力得到了进一步的增强。

显然，第二阶段和第三阶段的训练起到了相互促进的作用。所以，只要我们不断重复第二阶段和第三阶段的训练，那么，每一轮迭代都会使大语言模型的能力持续增强。这也就是ChatGPT如此强大的原因。

为了评估ChatGPT模型的性能，OpenAI使用了LAMBADA、COGS、ROCStories和WebText等多个标准数据集来测试模型的生成能力，并由此证明了ChatGPT在生成自然语言方面的性能远远超过了以往的NLP同类模型。

总之，ChatGPT 是一种基于深度学习和自然语言处理技术的聊天机器人，它利用人类反馈强化学习（预训练）加微调的迁移学习等先进的训练方法来提高模型的性能和鲁棒性，为人们带来更加智能化、高效化、便捷化的服务和体验。

另外，OpenAI还通过开源平台向外界公布了训练后的模型参数和API接口。这样，任何人都可以使用GPT系列模型来完成各种自然语言处理任务，进而推动整个领域的发展。同时，OpenAI还开发出一款基于GPT-3模型的代码生成工具，取名为Codex。它可以自动将英语描述转换为可运行的代码，极大地提高了整个领域大语言模型的开发效率。

四、ChatGPT 依托架构的训练

ChatGPT之所以脱颖而出，是因为其依托的GPT-3.5架构及GPT系列原本就具有超强功能，这是基础。由此，这里换一个角度，从GPT架构模型化过程的视觉来进一步解析ChatGPT是如何训练的。

ChatGPT的前身是GPT模型，这种生成模型采用的

是自回归的方式来不断生成新的内容：

$$P_\theta(x_{t+1}|x_1, x_2, \dots, x_t)$$

将公式中的x看作模型生成的某个字，那么就表示模型生成的是第i个字，在生成第t+1个字时，模型需要将$\{x_i\}_{i=1}^t$作为输入。

由此可见，在GPT模型的每次预测中，后面文字的生成依赖于之前生成的内容，ChatGPT也继承了这一特点。这就是人们在向其提问时，为什么ChatGPT虽然能够根据上下文文意来回答，但好像在一个一个往外吐字，像打字机一样。

GPT这种生成模型输出的结果是一个概率分布。举个简单的例子，比如它在某个时刻生成的文字是：

这朵花真

将这句话再输入GPT，GPT会输出一个概率分布，如下：

美　0.52

丑　0.43

难　0.0001

…………

这样，GPT根据概率选择，生成的下一个字就是“美”。

如果将其用于实践预测，那么GPT始终都是生成一个“美”字的单一结果，这肯定是不符合人类思维模式的。如果换成人的话，回答也可能是“丑”“一般”等，当然基本上是不会有“难”“酸”“烫”等字的。

于是，算法师进行了调整，针对模型预测的概率分布，选取预测概率值靠前的k个指标作为候选集合，通过设置每个指标的采样概率，在允许概率值较大的指标被抽中的概率也较大的前提下，从这个集合里面随机抽样作为预测结果，而不再是直接使用最大概率值作为最后的生成结果。

这样既保证了概率值较大的指标被抽中的概率也较大，同时也引入了随机性，在一定程度上避免了预测结果的单一性。当然，这只是其中的一种改进方法，也可以使用基于温度采样的方法达到同样的效果，这里不再展开。于是，结合前文谈到的“GPT具有的自回归能力”（即理解上下文文意的能力），就使得GPT不仅预测结果全面、准确，而且在与人交互的表述中体现出更多的人类思维和“人情味道”。这是非常了不起的贡献，也是当初GPT-3一经面世便引得业界好评如潮的原因。

在具体训练GPT时，提供给GPT的数据来自互联网上的各种聊天对话、社区讨论、小说论文、开源代码，等等。也就是说，GPT模型几乎把互联网上的知识、信息学了个遍。所以，ChatGPT所依托的基础模型GPT系列架构本身就已经非常复杂与先进了（特别是GPT-3达到1750亿参数、45TB数据的训练量级），其训练过程也是非常艰难和烧钱的。

五、ChatGPT 训练的数据与算力

ChatGPT能够读懂人的思维，明晓前后话意（上下文文意），不仅可以连续与人默契对话，而且往往还能在用户刨根究底的持续追问下给出全面、准确、科学与人性化的答案。这种初级“通用能力”是如何具备的呢？这里我们再换一个角度，来看一看ChatGPT的训练过程。

前文已经讲到，ChatGPT依托的主要模型框架是GPT系列大语言模型。而GPT系列是通过自然语言处理技术，通俗地讲也就是聊天机器人算法来训练，在这个训练的大工程中，训练工程师不断给预训练模型喂数据，从而让它不断地成长，变得更加智能。然而，由于人类各个领域内的对话聊天互动太过复杂，数据浩如烟海，这就必然要求模型在训练过程中不断进行人工修正参数，甚至让GPT-3达到千亿级别的参数量以应对无数意外。

巨大的参数量就代表着训练内容数量的巨大。由于ChatGPT是从巨大的预训练语言模型GPT-3中获得知识，采用迁移学习方法训练而成，所以ChatGPT的预训练数

据集为45TB，即GPT-3所具有的量级。这里将其与生活中的实例进行比较，便能知晓这个数据量级有多么巨大了。45TB大概等于5兆亿字节，约2.5兆亿汉字的内容。按照一部图书10万字的标准来换算，2.5兆亿汉字就相当于25亿册图书，这相当于60多个中国国家图书馆的藏书量。

因此，要通过千亿级别的参数对45TB的数据进行训练，需要巨大的算力，OpenAI动用了28.5万个CPU与1万个高端GPU来应对。其中，CPU负责NLP模型的代码运行、浮点计算与控制，GPU负责图形处理。训练ChatGPT一天所花费的成本大约为460万美元。[1]

如此庞大的训练数据来自哪里？只能是通过蜘蛛爬虫在网络上抓取，当然不排除电子扫描一些专业的文档。因为互联网中有天文数字的数据，训练数量庞大，只需要抓取就可以了。

互联网上的数据到底有多浩瀚？据国际数据公司

① 托尼富：《ChatGPT是如何训练出来的？它最难的点不是技术》，网易，2023年2月10日，https://www.163.com/dy/article/HT8AE5GV05523A62.html1。

（IDC）发布的《数据时代2025》报告显示，早在2018年，每天产生的互联网数据就高达33ZB，预计2025年将达到175ZB。ZB（1ZB=1024×1024×1024TB）可是比TB高了三个数量级啊！

那么，175ZB的数据到底有多大呢？1ZB相当于1.1万亿GB。如果把175ZB全部存在DVD光盘中，那么DVD叠加起来的高度将是地球和月球距离的24倍（月地最近距离约为36万公里），或者绕地球222圈（1圈约为4万公里）。以25MB/秒的网速，一个人要下载完这175ZB的数据，需要18亿年。[①]

目前来看，这些被抓取的用于早期ChatGPT训练的数据主要包括问答类、专业科技文档类、代码类、学校课本知识类、数据库表格类、医学类、法律类等类别，其中问答类数据基本上占了互联网数据的80%。

所以，ChatGPT之所以如此出类拔萃，原因还在于其训练数据的宏大。

---

① 《你知道互联网每天能产生多少数据吗？》，CSDN，2021年7月8日，https://blog.csdn.net/weixin_38754337/article/details/118585721。

第六章 大模型训练为何如此艰难

前面章节已经介绍，ChatGPT 是基于GPT-3.5架构开发的对话AI模型，是InstructGPT的兄弟模型，其核心技术之一是人工智能大模型训练。

种种迹象表明，让整个世界为之沸腾的ChatGPT上线运行，或是OpenAI借此让海量真人对该产品主动进行测试、演练，目的是尽快推出性能更优、智能更高的GPT-4版本的ChatGPT（已于3月15日正式推出），以求在此领域内获得“立于不败之地”的更大优势。

诸如ChatGPT、GPT-3、GPT-4等大模型训练为何如此艰难？这里我们从机器学习的单机训练和分布式训练简单说起。

一、从单机训练到分布式训练

早期，单机单卡是机器学习从分布式训练到大规模训练最为常见的方式。所谓单机单卡，就是一台服务器配置一块AI芯片进行的最为简单的机器训练方式。后来，随着数据量的增加，单机单卡的速度越来越慢，于是出现了单机多卡的训练方式，也就是用多块AI芯片并行的方式来训练机器。

比如，在一台机器上配置20块AI芯片，把数据切分成20份，分别在20块AI芯片上跑一次BP算法（Error Back Propagation）[1]，计算出梯度，然后将这20块AI芯片上计算出来的梯度进行平均，更新模型参数。这样的话，以前一次BP只能训练1个批量（batch）的数据，现在就是20个batch。

---

① BP算法是指机器学习的过程由信号的正向传播与误差的反向传播两个过程组成。由于多层前馈网络的训练经常采用误差反向传播算法，人们也常把多层前馈网络直接称为BP网络。其权值和阈值不断调整的过程，就是网络的学习与训练过程。经过信号正向传播与误差反向传播，权值和阈值的调整反复进行，一直进行到预先设定的学习训练次数，或输出误差减小到允许的程度。

后来，随着模型和数据规模的持续增多，即使为单机装上很多芯片，对机器学习的训练也会花费很长的时间。于是，人们开始通过增加计算资源（诸如算力、机器数量等方式）来提升模型训练的速度，分布式训练就出现了。

分布式训练又称分布式机器学习或分布式学习，是指利用多个计算节点（也称工作节点，Worker）进行机器学习或者深度学习的算法和系统，旨在提高性能、保护隐私，并可扩展至更大规模的数据和更大模型的训练。简单来说，就是将单机单卡的负载拆分到多机多卡上，即使用多台机器，每台机器上都装有多块AI芯片，让网络模型运行在不同机器的不同AI芯片上，进行模型训练。

引入分布式训练的原因主要有两点：一是日益增长的数据导致机器学习的时间很长，不能满足模型训练的需求；二是分布式训练可以提升整体训练的速度，并带来精度上的提升。

目前，分布式训练最常见的方式有三种，分别是数据并行、模型并行和流水线并行，其操作与优缺点如表6-1所示。

表6-1　分布式训练的操作与优缺点

	操作	优点	缺点
数据并行	由于数据规模增大，可以通过数据并行，对输入数据进行切分，每块AI芯片只需要处理一部分数据。	计算通信可以重叠，通信需求低，并行效率高。	无法运行大模型。
模型并行	将模型每一层的参数量增大，模型的层数更深，通过模型并行修改网络层内的计算方式。	将单层的计算负载和内存负载切分到多块AI芯片上。	通信和计算是串行的，对通信的要求高。
流水线并行	将不同的网络层放在不同的AI芯片上运行，进一步将计算负载和内存负载切分到多块AI芯片上。	计算的通信可以重叠，通信需求低。	存在流水线间的空闲，需要和重计算配合使用。

通过表6-1的比较可以看出：采用数据并行的方式是为了实现更大的批大小（batch size）[①]来提升机器学习的训练速度，而另外两种方式更多是为了分散更大的模型，增大可用的显存。在实际操作中，数据并行的方式因为最容易实现而经常被人们选用，其他两种方式一般需要修改模型代码，进行一些比较复杂的调度，因而被选用得较少一些。

① 批大小，指每次调整参数前所选取的样本数量。

机器学习的分布式训练通过对数据、网络模型和运行流水线的切分，可以有效地减少单卡的资源负载，不仅使得原来单机单卡无法训练的任务变成可能，而且能够提升训练任务的计算效力和内存吞吐量。

上述模型训练整个方案的演进可参见图6-1。看来，似乎只要不断叠加并行资源就能解决一切机器学习的训练问题；然而，实际上是“理想很丰满，现实很骨感”。

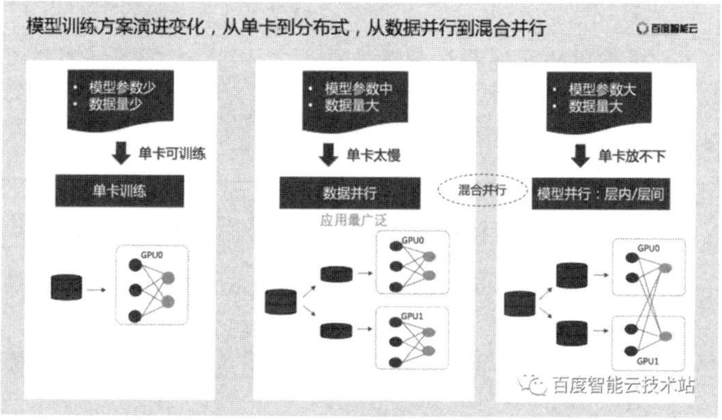

图6-1 机器学习模型训练的方案演进
（图片来源：百度智能云技术站）

在实际操作中，一方面，训练数据集规模不断增长，当其增长到一定程度的时候，由于通信瓶颈的存在，边际效应就会越来越明显，甚至出现增加资源也没办法进行加速的情况（这里涉及一个加速比[1]的概念，理论上人们希望无论增加多少设备，加速比越接近1越好，但凡事都有极限）；另一方面，随着网络模型的不断增大，模型需要的内存急剧膨胀，算子（Operator，OP）[2]的增加会使得单卡即使按照算力进行了合理的模型切分和流水线切分，也难以在合理的时间内完成一个步骤的训练，最终导致分布式训练不再适用于这类大模型或超大模型的任务，也就是说分布式训练的天花板出现了。

二、大模型训练的复杂性

越来越多的实践证明，大模型不仅在广泛的任务中可以提升模型的训练效率，产生更好的结果，甚至可以让模型衍生出新的泛化能力。因此，学术界和产业界都开始追求更大规模的模型训练。面对大模型训练任务，最好的或最理想的效果是，人们在引入大规模训练的技

① 加速比是指同一个任务在单处理器系统和并行处理器系统中运行消耗时间的比率，用来衡量并行系统或程序并行化的性能和效果。

② 深度学习算法由一个个计算单元组成，我们称这些计算单元为算子。在网络模型中，算子对应层中的计算逻辑。例如，卷积层是一个算子，全连接层中的权值求和过程是一个算子。

术之后，在解决内存的同时，不会被计算资源给限制住，同时还能让算法开发人员方便地进行高效的分布式调试、调优和代码编写。

然而，随着模型的不断扩大，深度学习的训练过程也会变得越来越困难，比如会出现训练不收敛等问题。这时就需要大量的手动调参工作来解决，而这不仅会造成资源浪费，还会产生不可预估的计算成本。关于成本，这里举个例子。比如对于某个具有4000万参数的Baseline模型来说，如果参数增加到15亿，整体成本就会上涨大约37倍；增加到百亿，成本则会上涨70—80倍。这样高昂的成本，开发机构是难以承受的，甚至无法承受。

与机器学习普通的分布式训练相比，大模型训练在技术上需要考虑的问题更加复杂，主要体现在如下三方面。

一是，大规模训练会用到大量的计算资源，这些资源之间如何通信、协作与整合是一个难题。

二是，如何利用多卡装载大模型，突破内存限制的瓶颈，是个难题。

三是，面对众多大规模训练技术，如何选择、整合、平衡各类技术，扬长避短、各显其能，从而统筹制订出一个完整、高效的训练方案，这很复杂，里面有着很深的学问。

对于分布式训练，有位软件工程师如是说："懂得很多分布式训练的理论与知识，也不一定就能做好一个分布式训练系统。把这么多机器连接跑起来，跟跑好是两回事。分布式训练是一门实践的软件工程，只有你PK过设计方案，调试过一个个Bug，亲手敲过一行行的代码，为了性能指标能达标无所不用其极地去验证各种性能优化方案，才能知道细节在哪里，难点在哪里，痛点、挑战点在哪里。"[①]由此可知，分布式训练达到一定规模的时候，如要出成绩，其实操已经非常艰难了，更何况要去设计、操作更大规模甚至指数级别增长规模的"大模型或超大模型"了。

---

① 常平：《什么是分布式训练》，知乎，2022年3月26日，https://zhuanlan.zhihu.com/p/487945343。

三、大模型训练的四大技术挑战

机器学习的大规模训练技术面临的难度和挑战主要来自内存、通信、算力和调优四个方面。

1. 内存挑战

模型训练的内存占用可分为静态内存与动态内存两部分。静态内存好理解，动态内存是指模型在前向计算和反向传播的时候，会产生诸如前向输出、梯度输出、算子计算时的临时变量。这个临时变量的动态内存对模型训练有多大影响？这里举一个简单的例子。以华为的鹏程·盘古大模型为例，其2000亿的参数内存占用消耗了754GB，这属于静态内存；而在模型训练的过程中，由于有权重、激活、优化器状态，再加上自动微分，产生的临时变量需求就会高达3500GB内存，一个大模型训练就需要100多块具有32G内存的AI芯片。在这个案例中，动态内存一度接近静态内存的4倍，这就是变动内存的巨大影响。当然，这部分内存会在反向传播时逐渐被释放掉。

再比如，在ResNet50的一轮迭代模型训练中，观察显示，网络模型在运算过程中的内存占用不断增加，直到达到1.2GB的峰值；峰值过后，内存开始逐渐释放，内存占用慢慢降到320MB。当然，在一个step计算结束后仍有一部分内存驻留，使得内存保持在320MB。

因此，在模型训练的过程中，是否会遇到内存墙①，主要是由动态内存决定。即使人们想尽一切办法去降低静态内存，实际上意义并不是很大，关键在于是否能够降低动态内存占用的峰值。

静态内存和动态内存相互独立但又相互制约，任意一侧的增大都会导致另一侧的显存空间变小，造成内存墙问题。在模型训练的过程中，静态内存和动态内存必须同时优化，这是个技术活儿。显然，为了能够让大模型运行起来，需要使用数据并行、模型并行和流水线并行等技术，但是这些技术的叠加必然会因为内存墙问题而降低AI芯片计算的吞吐量，这是一个很难解决的矛盾。

---

① 内存墙是指内存性能严重限制CPU性能发挥的现象。

2. 通信挑战

大模型通过模型并行、流水线并行切分到AI集群之后，通信性能便会出现瓶颈，产生通信墙问题。原因在于：

大模型被切分到不同的机器设备上之后，仍然需要通信来将被切分到众多设备上的各个参数进行汇总。这些参数的汇总聚合是需要通信去联通的，显然，这就对通信提出了很高的要求。比如，是使用同步的更新策略，还是异步的更新策略？如何对模型局部变量进行更新？等等。

另外，由于专用的AI加速芯片中的内存与计算单元之间非常接近，使得芯片内的通信带宽很大，计算速度非常快；然而在模型集群中的网络传输速度又比较慢，这是远远不能与专用AI加速芯片的运算速率相匹配的。这时，有人可能会说，你直接增加带宽不能解决问题吗？这是不行的。

因为，随着机器规模的扩大，带宽的利用率将会越来越低，比如网络带宽从1GB达到100GB后，实际利用率会从接近100%迅速降至40%左右，所以高带宽的利用效果将会遇到瓶颈。同时，基于模型训练所需同步通信的聚合要求，由于大量的AI芯片和服务器之间进行频繁的同步，显然，其中最慢的一路通信将会决定整个AI集群的通信效率。所以，通信墙的挑战是必然的。

总之，大模型训练中的通信方案的设计，需要综合考虑数据样本量、数据参数量、计算类型、计算量、集群带宽拓扑和通信策略等众多因素，这样才能设计出一套性能较优的切分策略，最大化地提高通信比，提升通信效率。

3. 算力挑战

机器学习的大模型训练会增加对算力的需求，但是在大模型引入各项分布式并行技术的同时，会降低计算资源的利用率。

大规模训练技术不仅要求AI芯片的计算性能足够强悍，而且依赖于AI框架的大规模分布式训练的运行和调度效率，以及分布式并行等各种优化手段的权衡。其中的问题很复杂，这是一项繁杂的大工程。

4. 调优挑战

在数以千计甚至更多节点的集群上进行模型开发，可以想象这是多么困难的事情。所以对于机器学习的大模型训练来说，调优也是一项繁重且极具技术含量的挑战性工作。

面对这一挑战，可以大致从两个方面来考虑。一方面，要对硬件集群进行科学的设计与管理，需要保证计算的正确性、性能和可用性，比如某一台机器坏了，需要快速恢复训练中的参数；另一方面，需要考虑降低工程师对大模型进行并行切分的难度，提升算法工程师分布式调试调优的效率。

这些说起来简单，做起来就非常难了，特别是面对超大模型的训练。比如，英伟达在“Efficient Large-Scale Language Model Training on GPU Clusters”这篇论文中有个预估：1750亿参数的模型，在3000亿样本的规模下，即使使用1024张A100显卡，也需要训练34天。维护过集群或做过分布式学习的人可能都会知道，这么多显卡在这么长时间之内不出现故障基本是不可能的。如何保证在有故障发生的情况下，模型能持续稳定的训练，是个亟须解决的问题。[①]

四、大模型训练的成本挑战

ChatGPT这类大模型或超大模型的训练成本是非常高昂的，主要涉及算力、时间与数据标注等成本。

上一章已经谈到，OpenAI曾为了让GPT-3的表现更接近人类，动用了28.5万个CPU与1万个高端GPU来应对，用到45TB的数据量、近1万亿个单词来训练。这种大模型及高算力对应的是高昂的资金消耗，让ChatGPT一次运算的费用达到约460万美元，一次完整的训练总体花费约1200万美元。除了人工费用之外，还需获取数据、清洗数据、采集数据，而且并不是一次就能成功，

① 百度智能云：《超大规模AI异构计算集群的设计和优化》，2022年3月22日，B站，https://www.bilibili.com/read/cv15780480/。

所以整个过程中资源的需求量是非常大的。

2021年，英伟达、斯坦福联合MSR，共同训练出了一个万亿参数的GPT，比1750亿参数的GPT-3还高出一个量级，是个典型的如同ChatGPT的超大模型，用的A100显卡就有3072个。如果按一个显卡售价10万元人民币来计算，光这笔费用就高达3亿元人民币。

近日，小冰CEO李笛在接受《深网》采访时认为，若用ChatGPT的方法，以小冰框架当前支撑的对话交互量计算，每天的成本将高达3亿元，一年的成本超过1000亿元。如果想要控制成本，就会牺牲对话质量，写出的文章漏洞百出，出品的画作不够稳定，还不能大规模应用。李笛补充说，确保“端到端”的生成质量才是核心问题，同时还要优化模型，降低参数规模。①

这里以OpenAI推出的1750亿参数的GPT-3为例，在1024张A100显卡上预估需要34天，一万亿参数的GPT-3在3072张A100显卡上至少需要84天。微软、英

---

① 宋婉心：《ChatGPT狂欢：概念股1670倍PE、一天成本3亿元》，36Kr，2023年2月14日，https://36kr.com/p/2131422449724672。

伟达曾联合推出5300亿参数的NLG模型，在2048张A100显卡上耗时3个月训练，才能达到比较好的收敛效果。[①]此外，像ChatGPT这样的大模型，训练所用的数据库中的海量数据达到45TB，其参数的标注高达千亿甚至万亿级别，需要巨大的人工成本。

总之，训练ChatGPT这样的完整大模型或超大模型，要建设一个机内高速通信、机间有低延迟高吞吐能力，同时支持大规模算力的集群，还要保证持续稳定的月级别训练，这涉及算法、数据、框架、资源调度等全栈和全流程的综合设计、技术调配，以及人力、资金支持，是非常困难的。

---

① 李鹏、王玮、陈嘉乐、黄松芳、黄俊:《基于单机最高能效270亿参数GPT模型的文本生成与理解》，阿里云机器学习平台PAI，2023年1月9日，https://new-developer.aliyun.com/article/1132966。

第七章 AIGC："2022十大科技前沿发明"之首

2022年9月，百度发布"2022十大科技前沿发明"，位列第一的是"跨模态通用可控AIGC"。跨模态生成的本质是文本、视觉、听觉乃至脑电等不同模态的知识融合，覆盖图文、视频、数字人、机器人等多场景。

AIGC全称为Artificial Intelligence Generated Content，字面意思是利用人工智能技术来生成内容，可以在创意、表现力、迭代、传播、个性化等方面充分发挥技术优势。AIGC是继专业生成内容（PGC）、用户生成内容（UGC）之后的新型内容生产方式，业界这样描述这一概念：继专业生成内容和用户生成内容之后，利用人工智能技术自动生成内容的新型生产方式。

随着技术逐渐成熟，人工智能已从辅助工具逐渐演化成创作工具。在2021年之前，AIGC还主要集中于文字和语音生成；而如今，AIGC依托大模型、训练数据和算法已经扩展到文案、图像、代码、视频、3D交互等多种形态，并在多个领域展现出巨大的应用潜力，覆盖从社交媒体到游戏、从广告到建筑、从编码到平面设计、从产品设计到法律等领域，未来有望成为“基础设施”，与各行各业进行更深入的融合。

当下火爆的ChatGPT属于AIGC中人工智能问答聊天的商业化落地案例之一，是自然语言处理技术领域的一次重大突破，它与AIGC的关系参见图7-1。ChatGPT问世后的惊艳表现，打破甚至颠覆了人们先前对于人工智能的认知。

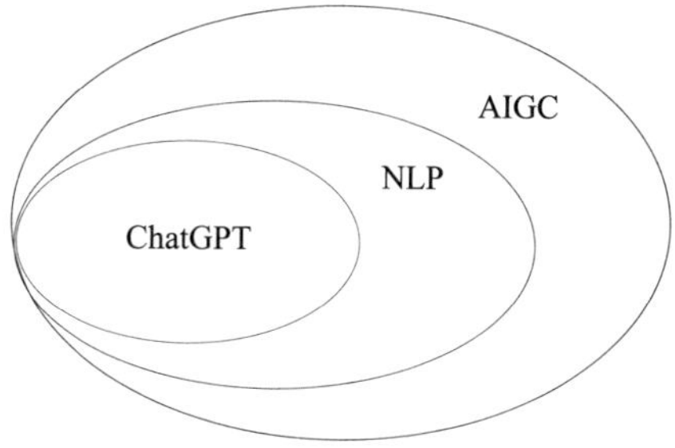

图7-1　ChatGPT与AIGC、NLP的关系

一、AIGC 三大发展阶段

结合人工智能的演进路线，AIGC的发展历程大致可分为早期萌芽、沉淀积累与快速发展三个阶段，如表7-1所示。

表7-1 AIGC三大发展阶段、特点及代表事件

时间	阶段	特点	代表事件
1950—1990年	早期萌芽	受限于当时的科技水平，仅限于小范围实验。	计算机创作了名为《伊利亚克组曲》的弦乐四重奏（1957年）；可人机对话的机器人Eliza诞生（1966年）；语音控制打字机Tangora问世（20世纪80年代中期）。
1990—2010年	沉淀积累	从实验性向实用性逐渐转变。	深度学习、图形处理、张量处理等算法大突破（2006年）；AI创作小说*1 The Road*（2007年）；微软全自动同声传译系统诞生（2012年）。
2010年至今	快速发展	深度学习模型不断迭代，取得突破性发展。	生成对抗网络出现（2014年）；CLIP、DALL-E等文本与图像交互生成内容模型诞生（2021年）；深度学习模型——扩散模型（Diffusion Model）[①]诞生（2022年）。

在上述三大阶段中，AIGC的历史沿革及重大事件如下：

① 扩散模型是当前深度生成模型中的新技术，在图片生成任务中超越了原有技术，在诸多应用领域都有出色的表现。

1957年，莱杰伦·希勒（Lejaren Hiller）和伦纳德·艾萨克森（Leonard Isaacson）完成历史上第一支由计算机创作的弦乐四重奏《伊利亚克组曲》。

1966年，约瑟夫·魏岑鲍姆（Joseph Weizenbaum）和肯尼斯·科尔比（Kenneth Colby）开发了世界上第一款可人机对话的机器人Eliza。

20世纪80年代中期，国际商业机器公司（IBM）创造了语音控制打字机Tangora。

2006年，深度学习算法、图形处理器、张量处理器等取得了重大突破。

2007年，世界第一部完全由人工智能创作的小说*1 The Road*问世。

2010年之后，深度学习模型不断迭代，AIGC取得突破性发展。

2012年，微软公开展示了一个全自动同声传译系统，可以自动将英文演讲者的内容通过语音识别、语言翻译、语音合成等技术生成中文语音。

2014年，生成对抗网络出现。

2018年12月，英伟达推出Style GAN，可以自动生成高分辨率图片，目前已升级到第四代模型。

2019年7月，DeepMind推出DVD-GAN，可以生成连续视频。

2021年1月，OpenAI推出DALL-E，这是首批引起公众广泛关注的文本生成图像的模型之一；同年，OpenAI推出CLIP模型。

2022年，深度学习模型——扩散模型的出现，推动了AIGC技术的突破性发展。

二、AIGC 元年的辉煌

近年来，卷积神经网络和Transformer大模型的流行，成功地使深度学习模型的参数量跃升至亿级，由此带来的数据巨量化推动了AIGC发展的进程。2022年是AIGC发展速度最为惊人的一年，深度学习模型——扩散模型的出现，直接推动了AIGC技术的突破性发展，许多基于Stable Diffusion模型的应用纷纷入局，故有人称2022年为AIGC元年。这里列示一下2022年AIGC取得的辉煌成就：

2月，开源AI绘画工具Disco Diffusion发布。

3月，Meta推出了名为Make-A-Scene的AI图像生成工具。

4月，OpenAI推出了DALL-E 2，在图像分辨率、真实感和新功能上进行了优化升级。

同月，AI绘画工具Midjourney发布。

5月，Google推出Imagen，同样是由文字生成图像的模型。

6月，Google推出Parti，与Imagen功能相同，

在模型算法、模型参数和图像效果等方面做了优化升级。

7月，开源AI绘画工具Stable Diffusion发布。

9月，Meta推出可以由文字生成视频的Make-A-Video。

10月，Google发布Imagen Video，同样是由文字生成视频的模型。

11月，Stable Diffusion 2.0发布，在模型算法、图像质量和内容过滤等方面性能大幅提升。

同月，OpenAI推出引爆全球的聊天机器人ChatGPT。

三、AIGC的应用场景

AIGC在面向不同场景和不同对象的时候，具有强大的自适应创作能力，因此被广泛地应用于众多场景，目前大致可分为七大类，具体参见表7-2。

表 7-2 AIGC 七大主要应用场景

类别	内容	典型产品或算法模型
文本生成	在AIGC中发展最早的技术应该就是基于NLP技术的文本生成，其功能多样。根据应用场景不同，可分为交互式文本生成和非交互式文本生成。交互式文本生成包括聊天机器人、文本交互游戏等功能；非交互式文本生成包括摘要/标题生成、文本风格迁移、内容续写、整段文本生成、图像生成文字描述等功能。	ChatGPT Jasper AI Copy.AI 彩云小梦 AI Dungeon
音频生成	应用于多种C端产品，部分技术已经较为成熟。可分为乐曲生成和文语转换（text-to-speech，TTS）场景两类。其中，乐曲生成包括基于开头旋律、音乐类型、文字描述、图片、情绪类型等生成特定乐曲；TTS包括智能配音、有声读物制作、语音客服等功能。	WaveNet DeepMusic MusicAutoBot Deep Voice
图像生成	目前发展势头最猛，且落地产品较多。根据应用场景不同，可分为图像编辑和端到端图像生成。图像编辑包括图像属性编辑和图像内容编辑，前者如去水印、风格迁移、图像修复等，后者如换脸、修改面部特征等；端到端图像生成包括基于图像生成（如根据特定属性生成图像，基于草图生成完整图像等）和多模态转换（如根据文字生成图像等）。	EditGAN 文心·一格 DALL-E DeepFake Midjourney Stable Diffusion
视频生成	与图像生成在原理上有一定相似性，可分为视频编辑（如画质修复、视频特效、视频换脸等）、视频自动剪辑和端到端视频生成（如根据文字生成视频等）。	Make-A-Video DeepFake VideoGPT GliaCloud Imagen Video

续表

类别	内容	典型产品 或算法模型
游戏生成	主要包括游戏策略生成和游戏元素生成。其中，游戏策略生成主要指对战策略，一般基于深度强化学习技术；游戏元素生成包括游戏场景、游戏剧情、NPC角色等元素的生成。	rct AI 超参数 腾讯AI Lab
3D生成	与图像生成和视频生成相比，目前还处于初级阶段。现有的3D生成基本为基于图像或文本生成3D模型。	Magic3D DreamFusion AVAR
代码生成	主要包括代码补全、自动注释、根据注释生成代码、根据上下文生成代码、代码辅助等功能。	Replit GitHub Copilot CodeGeeX Mintlify

四、AIGC与PGC、UGC的区别

上文提到PGC和UGC，这里简单地将它们与AIGC进行区分。

PGC，全称为Professional Generated Content，也称为PPC（Professionally-produced Content），指专业化的生产内容，主要有内容个性化、视角多元化、传播民主化、社会关系虚拟化等特点。

UGC，全称为User Generated Content，也就是用户

生成内容，即用户原创内容。UGC的概念最早起源于互联网领域，即用户将自己原创的内容通过互联网平台进行展示或提供给其他用户。

AIGC、PGC、UGC这三种方式最大的区别在于内容的创作主体和专业性不同，具体来说：

在PGC中，创作主体往往是专业人士，其创作的内容相对比较专业、精准、高质量，其生产效率较低，故产量受到限制。早期的报纸、电视台等传统媒体基本上都是PGC内容，一般的操作程序是：记者捕捉社会热点，到现场去采访后，将撰好的文稿或拍摄的视频交给后期制作人员进行加工，经审核后发布。这些都是专业人士干的事情。

在UGC中，创作主体是广大用户，其内容更多体现大众化和简单化，质量参差不齐。2004年之后，随着自媒体的兴起，越来越多的民众更愿意发布一段文字或一篇文章来分享自己的学习、工作、生活的感受或思想，UGC逐步兴起。

在AIGC中，内容是由人工智能生成，而非人类创作，因而其内容质量和产量都具有高度的可控性。

人们可以针对不同的需求和场景，选择不同的内容生成方式。相对于PGC、UGC，AIGC具有很多优势，主要体现在内容生成效率高、质量稳定、节省成本、拓展性强、普及性强、使用门槛低等，详情参见表7-3。

表7-3　AIGC相对于PGC、UGC所具备的优势

优势	阐释
效率高	大大提高了内容生成的效率，能在短时间内生成大量内容。
质量稳定	可以通过人工智能技术保证内容质量，具有很强的稳定性。
节省成本	有效降低内容生成成本，且不会因人员素质差异、流失等因素影响内容生成。
拓展性强	技术的拓展性更强，可应用于更多领域，广泛地满足用户需求。
普及性强、使用门槛低	具有广阔的发展空间。一是技术将会逐步成熟，使用门槛很低；二是在更多领域得到广泛应用，更具普及性。

未来，在新闻、广告、教育、娱乐等领域，AIGC都能为用户带来更加丰富的内容体验，并将逐步发挥重要的作用。同时，随着技术的不断优化与迭代，AIGC生成内容的质量、实用性、人文性和艺术性也会大幅提升，

进而成为整个社会内容生成的主流方式。

五、AIGC 在新模型下所向披靡

过去，互联网的内容都是由用户生成、上传，人工智能只能协助人类完成一部分最简单、最基础的工作，根本没法独立生成，更不用说什么生成优质内容了。而现在，AIGC借助扩散模型的开源应用等一跃而成为继UGC之后的又一重要内容生成方式。AIGC的最大优势是利用新技术成功地实现机器内容创作的智能化，这使得AIGC具备数据巨量化、内容创造力、跨模态融合、认知交互力等独有的技术特征。由此，AIGC成为新一代“不可替代”的内容生成方式，开启了新纪元，其功能与特色详见表7-4。

表 7-4　AIGC新模型下的四大重要功能与特色

类型	内容或特色	例证、前景或隐患
数据巨量化	AIGC是在海量数据的基础上由计算机学习和模拟生成的，具有丰富的“想象力”和惊人的“创作能力”。AIGC背后是无数的标注数据与训练。 卷积神经网络和Transformer大模型的流行使深度学习模型参数量跃升至亿级，由此带来的数据巨量化推动了AIGC发展的进程。	知名计算机视觉项目ImageNet在众包任务中有超过25,000人参与，标准图片超过1400万张。OpenAI更是收集了4亿个文本图像配对数据进行预训练。在零样本学习成熟之前，AIGC通过巨量数据实现内容创作的发展路线难以撼动。
内容创造力	AIGC借助海量数据、语料库，在创作方面有着无限的“灵感”，仿佛超级画手、编程师、作曲家一样生成指定风格的图像、程序、音乐或视频。这成为AIGC最吸引用户的特色。同时，神经风格迁移算法利用卷积神经网络识别图像内容表征和风格表征，并在特定神经网络层对图像进行重构，也使得AI画作能够模仿特定风格的艺术作品。	由于AI在艺术创作、插画、影视编辑等领域正在产生变革效应，同时具有创作时间短、规模大、风格多样、技艺高超等特点，严重冲击人类艺术、编程、客服等众多领域的工作岗位。
跨模态融合	AIGC能够分别提取文本特征和图片特征，进行相似度对比，通过特征相似度计算文本与图像的匹配关系，从而实现跨模态的相互理解和融合。跨模态融合是AIGC区别于传统PGC和UGC的显著特征。	在未来，随着国内外多家科技公司发布多模态AI大模型，AIGC的跨模态融合趋势将进一步加强，甚至出现革命性改变。

续表

类型	内容或特色	例证、前景或隐患
认知交互力	对于普通用户来说，通过使用智能终端和网络平台，利用自动问答、视觉识别、姿态识别等实现人机交互是其学习、工作和生活的一部分；而对于开发者来说，代码的输入输出是其与计算机交互的底层逻辑和方式。这些都要求AI拥有一定程度的认知和交互能力，也是AIGC的重要特点及其发展的重要趋势。	拥有像人与人一样沟通的众多能力，在感知和交互上具备其独有的特色，这正是AIGC为人与机器沟通带来的众多可能。

第八章　ChatGPT及AIGC的广泛应用场景

ChatGPT可与其他AI绘画、AI生成代码等AIGC智能工具协同使用，进一步提升相关行业或领域的生产力。其应用主要集中在数字化程度比较高和数字内容生成需

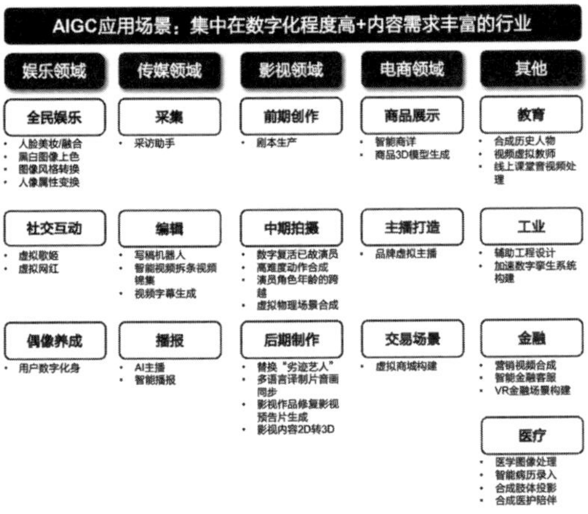

图8-1　AIGC（含ChatGPT）的行业应用（图片来源：国海证券）[①]

① 参见国海证券《AIGC：内容生产力的革命》，本图片稍加剪辑。

求量较大的行业，如娱乐、传媒、影视、电商等，当然，在医疗、教育、金融、工业等行业的应用也很广泛，未来前景非常看好，如图8-1所示。AIGC（含ChatGPT）的产业链情况可参见图8-2。这里，我们先从ChatGPT在自然语言处理领域的应用谈起。

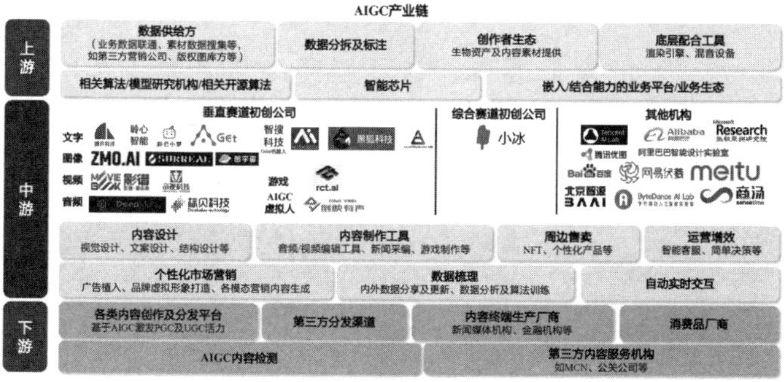

图8-2　AIGC（含ChatGPT）产业链（图片来源：国海证券）[①]

一、ChatGPT 自然语言的 20 个细分应用

ChatGPT是一个大型语言模型，有着广泛的用途。按照它自己的回答（如图8-3所示），ChatGPT可以在各种应用场景中发挥作用，包括但不限于：

---

① 参见国海证券《AIGC：内容生产力的革命》，本图片稍加剪辑。

1. 语言翻译：我可以用多种语言翻译，为人们提供跨语言交流的服务。

2. 自然语言处理：我可以帮助人们处理大量的文本数据，如情感分析、文本摘要、实体识别等。

3. 智能客服：我可以回答用户的常见问题，解决用户的疑惑，并提供相关建议。

4. 教育辅助：我可以提供学习资料和知识点解释，回答学生的问题，并进行知识点的测试。

5. 语音识别：我可以将人类语音转化为文字，并用于语音识别应用，如语音助手、语音翻译等。

6. 机器人客服：我可以作为企业的虚拟客服机器人，为客户提供帮助和支持。

7. 数据分析：我可以处理大量的数据，并从中提取出有用的信息，为企业提供数据分析和预测服务。

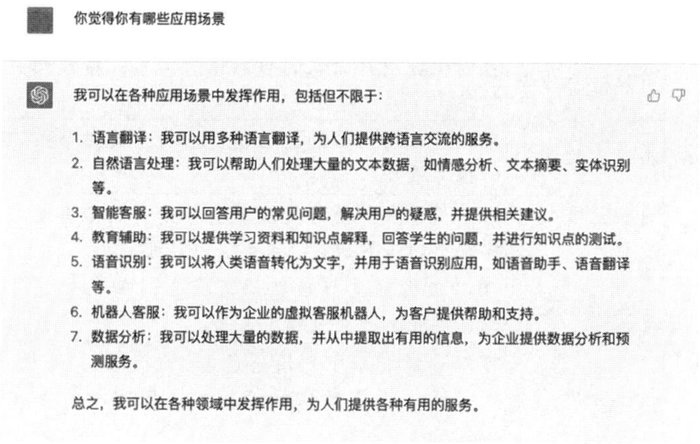

你觉得你有哪些应用场景

我可以在各种应用场景中发挥作用，包括但不限于：

1. 语言翻译：我可以用多种语言翻译，为人们提供跨语言交流的服务。
2. 自然语言处理：我可以帮助人们处理大量的文本数据，如情感分析、文本摘要、实体识别等。
3. 智能客服：我可以回答用户的常见问题，解决用户的疑惑，并提供相关建议。
4. 教育辅助：我可以提供学习资料和知识点解释，回答学生的问题，并进行知识点的测试。
5. 语音识别：我可以将人类语音转化为文字，并用于语音识别应用，如语音助手、语音翻译等。
6. 机器人客服：我可以作为企业的虚拟客服机器人，为客户提供帮助和支持。
7. 数据分析：我可以处理大量的数据，并从中提取出有用的信息，为企业提供数据分析和预测服务。

总之，我可以在各种领域中发挥作用，为人们提供各种有用的服务。

图8-3　ChatGPT自己阐述的七大应用场景

上述这七个领域的应用，根据语言交互、情境对话与问答、语言文本生成、语言与文本转化、翻译等，又可以细分为20个应用场景，具体内容与描述详见表8-1。

表8-1　ChatGPT在自然语言处理领域的20个细分应用场景

细分领域		描述
情境对话系统		可以模拟情境对话，如日常对话、情景对话等，用于情景对话教育、语言学习等领域。
1	聊天机器人	可以模拟人类对话，作为聊天机器人的核心引擎，与用户进行自然对话。
2	语言理解	可以理解输入文本的含义，用于自然语言处理任务，如情感分析、实体识别、关系抽取等。
3	问答系统	可以回答用户的问题，提供相关信息和知识。
4	智能客服	可以通过与用户的交互，解决用户的问题，提供客户服务。

续表

细分领域		描述
5	自然语言搜索	可以根据用户输入的自然语言文本，搜索相关信息。
6	个性化推荐	可以通过对用户的输入进行分析，提供个性化的推荐服务。
7	自然语言处理教育	可以用于自然语言处理教育，如自然语言处理课程中的实践项目、实验室实践等。
8	自然语言交互	可以与用户进行自然语言交互，如在智能音箱、智能家居等设备中使用。
9	情感分析	可以分析文本中的情感色彩，如积极、消极、中性等，用于社交媒体监测、舆情分析等应用。
自然语言生成		可以生成自然语言文本，用于自动摘要、机器翻译、文本生成等应用。
10	自动摘要	可以根据文本生成摘要，提供快速阅读和理解大量文本的功能。
11	知识图谱构建	可以从海量的文本中自动抽取实体和关系，并构建知识图谱，用于智能问答、推荐系统等领域。
12	文本分类	可以将输入的文本进行分类，如新闻分类、垃圾邮件过滤等应用。
13	智能审查	可以对文本进行自动审查，如内容过滤、色情内容检测等应用。
14	虚拟写手	可以生成各种类型的文本，如新闻报道、小说、诗歌等，用于虚拟写手的应用。
15	智能写作辅助	可以在写作过程中提供自动校对、建议词汇、语法检查等功能，提高写作效率和质量。
16	语音合成	可以将文本转换成语音，用于语音合成、智能语音助手等应用。
17	语音转写	可以将语音转换成文本，用于语音识别、转写等应用。

续表

细分领域		描述
18	情景生成	可以根据输入的情境和条件，生成符合情境要求的文本，用于游戏、虚拟现实（VR）等领域。
19	机器翻译	可以将一种语言翻译成另一种语言。
20	智能翻译	可以将一种语言翻译成多种语言，并保持原文风格和语调的一致性。

总之，ChatGPT 在自然语言处理领域有着广泛应用，能够很好地利用人类各行业积累的知识库服务于具体的工作场景，从而提升生产力与效率。

二、教育行业的应用

AIGC（含 ChatGPT）在教育行业的应用，可以赋予教育材料新活力，为教育工作者提供新的工具，使原本抽象、平面的课本具体化、立体化。ChatGPT 自己给出的阐释是：

1. 语言学习：AI语言模型可以帮助语言学习者通过提供个性化的反馈、练习和对话模拟来提高其语言水平。

2. 教育内容创作：AI语言模型可以用于生成测验、闪卡和学习指南等教育内容，以满足个体学习者的需求。

3. 学术研究：AI语言模型可以用于分析学术文本，生成摘要、洞见和建议，以帮助研究人员获得新的洞见和发现。

在具体实践中，AIGC（含ChatGPT）可以在设计课程、协助备课、课堂助教、辅助学习、事务帮手等方面提升教育的质量与效果。比如在设计课外活动方面，可以输入“请为一年级的孩子设计一门探究性课程，主题是《夏蝉的鸣叫》”，很快，ChatGPT便可给出一个详细的结果。如果提问者不停追问，它会不厌其烦地进行细化，直至提问者满意。

以课堂助教为例，英语课教师可以运用ChatGPT设计如下方法提升课堂教学效果，如表8-2所示。

表 8-2　ChatGPT 协助英语课堂教育设计

类别	阐释
成为词汇构建者	ChatGPT 可以通过使用学生不熟悉的单词生成句子，让学生根据上下文猜测单词含义，扩展词汇量。
成为阅读理解工具	ChatGPT 可以生成一段关于学生正在学习的主题的文章，让学生阅读并回答相关问题。这有助于评估学生对材料的理解，并锁定他们可能需要额外支持的领域。
成为写作提示生成器	ChatGPT 可以生成故事开头或创意写作提示，让学生以提示作为写作基础。
成为班级讨论问题的生成者	师生向 ChatGPT 提出问题，与课堂上的实质性讨论相结合，让讨论更丰富，有助于学生完善思维。

三、医疗保健行业的应用

AIGC（含 ChatGPT）内容生成智能技术能够赋能诊疗全过程，如辅助诊断、改善医学图像质量、录入电子病历、康复治疗、为失声者合成语言音频、为残疾者合成肢体投影，等等。ChatGPT 自己给出的阐释主要集中在三方面：

一是医学诊断和治疗：AI 语言模型可以被训练用于分析医学数据，如医学影像、电子病历和患者信息，以协助医疗专业人员做出更准确和明智的治疗决策，提高治疗效果。

二是与患者互动：AI语言模型可以用于帮助患者与医疗保健提供者进行互动，提供有关其健康状况、治疗选项和用药说明的信息。

三是医学研究：AI语言模型可以帮助研究人员处理和分析大量的医学数据，并识别出疾病暴发、药物疗效和患者预后等方面的模式和趋势。

在目前的实践中，ChatGPT等AIGC在减轻就医导诊压力、辅助诊断以提高效率、助力全生命周期管理及科研领域已崭露锋芒。

比如在辅助诊断方面，由于支撑ChatGPT的大型语言模型不仅包含NLP，还包含诸多其他系统，使其具备整合电子病例、图像、检查数据、基因组乃至微生物组序列信息的能力。一项研究利用45个病例对ChatGPT诊断疾病的表现进行了评估。实验结果发现，ChatGPT能够对39个病例做出正确诊断（准确率87%），远高于以前的症状检测工具，也高于旧版ChatGPT的诊断能力（准确率82%）。[①]

2022年12月，谷歌发布了一个新的医疗AI模型Med-PaLM，并称经历了一系列的考核后，该模型被证实“几乎达到人类医生的水平”。结果显示，Med-PaLM在科学常识方面的正确率达到92%以上，在理解、检索和推理能力方面也能达到普通医生的水平，并且在克服隐性偏见方面略胜一筹。[②]

在科研领域，据报道，加州伯克利的一家初创公司采用类似ChatGPT的蛋白质工程深度学习语言模型——ProGen，首次实现了AI预测蛋白质的合成。这些蛋白质与已知的完全不同，相似度最低的甚至只有31.4%，但和天然蛋白一样有效。该研究已经正式发表于*Nature*子刊。[③]

---

① 药明康德：《正确率87%，ChatGPT能代替医生吗？》，网易，2023年3月2日，https://www.163.com/dy/article/HURLP21Q05349C3G.html。

② 《谷歌发布医疗AI模型 诊断水平接近人类 机器人医生要来了？》，科创板日报，2022年12月28日，https://baijiahao.baidu.com/s?id=1753447748851797161&wfr=spider&for=pc。

③ 《生物界的ChatGPT：ProGen——开启人工智能设计蛋白质的新时代》，生物在线，2023年2月23日，http://www.bioon.com.cn/news/showarticle.asp?newsid=109958。

四、新闻传媒与影视行业的应用

1. 新闻传媒

在新闻传媒方面，AIGC（含ChatGPT）可以推进人机协作共生，主要有五个方面的应用。

（1）基于算法自动编写新闻，将工作自动化，从而提高新闻采编内容制作效率，做到更快、更准、更智能化地生产内容。比如，AIGC（含ChatGPT）可用于自动生成新闻文章和摘要，为新闻工作者和新闻机构节省时间和资源。

（2）除了常规的新闻播报，还可以陆续支持多语种播报和手语播报，不断升级应用场景，从而实现新闻传播环节的播报高效智能化。

（3）大幅提高生产效率，带来新的视觉化、互动化体验，推动传媒向智媒转变，从而影响产业及生活。

（4）可以帮助核实新闻报道的事实并验证所呈现信

息的准确性。

（5）可以根据读者的兴趣、阅读历史和所在位置，为个体读者量身定制新闻内容，提供个性化的服务。

2. 影视行业

AIGC（含ChatGPT）将会逐渐与剧本创作、影视拍摄、特效制作等工作、设备软件或流程等深层次相结合，使传统的影视制作更高效，更节约成本，如表8-3所示。

表8-3 AIGC（含ChatGPT）在影视行业的应用

环节	内容
剧本等文稿创作	激发创作者的灵感，缩短创作周期。可以通过对海量剧本数据进行分析归纳，按照预设风格快速生产剧本，创作者再进行筛选和二次加工。
场景空间与角色的扩展	一方面，创造虚拟物理场景，将无法实拍或成本过高的场景生成，拓宽影视作品想象边界，生成更优质的视听体验；另一方面，通过演员高难度动作合成、角色年龄跨越，减少演员自身局限对影视作品的影响，还可以进行AI人脸合成、声音合成，甚至实现数字复活已故演员。
影视剪辑、后期制作水平的提升	实现影视预告片自动生成，影视内容从2D向3D自动转制；实现影视图像修复、还原，提升影像资料的清晰度，保障影视作品的画面质量等。
智能审核影视发行、用户端个性化推荐	通过自然语言处理和深度学习，实现视频审核和视频传播，在用户端实现视频自主互动、弹幕防挡等。

另外，在各大长短视频平台，各种内容的制作都在朝向智能化、工具化的方向演化与发展，AIGC（含ChatGPT）从内容生产到宣发互动等环节，都有着广阔的用武之地。

五、娱乐、游戏、软件领域的应用

1. 休闲娱乐

AIGC（含ChatGPT）的参与，让休闲娱乐变得有趣、有料、有热度。例如，通过影像视频自动生成、合成音视频动画、实现趣味性图像生成等，激发用户参与热情，满足用户猎奇需求或娱乐需求。又如，助力开发C端用户数字化身，推动各类主体（含科技巨头）积极探索与加速布局“虚拟数字世界”与现实的大融合。此外，还有支撑虚拟偶像在更多元的场景进行内容变现，释放IP价值，等等。

2. 游戏领域

AIGC（含ChatGPT）的加入，可充分地模拟玩家在某一套数值体系下的游戏体验，提出优化策略；可以让游戏功能测试变得更加容易，同时发现潜在漏洞，辅助游戏策划等。当然，AIGC（含ChatGPT）更能提升游戏的沉浸式效果，提高玩家游戏体验，诸如：

（1）扮演角色与玩家在实战游戏过程中交流协作，从而向玩家传授职业级的策略与操作技术，帮助玩家迅速熟悉操作与游戏玩法，提高游戏的可玩性。

（2）进行拳击等特定风格模拟，从而让玩家感觉像在与真实的职业选手对抗。

（3）可协助玩家进行冷启动、平衡匹配、掉线接管等助手工作。

3. 软件应用

AIGC（含ChatGPT）在软件开发等方面，主要有代码生成、聊天机器人、智能客服和软件缺陷检测等应用。其中，代码生成可以减少软件开发所需的时间和经费；软件缺陷检测可以自动化地提高软件应用的质量和可靠性等；智能客服用于驱动聊天机器人和虚拟助手，为用户提供客户服务和支持等。

六、金融、数字经济、工商业等行业的应用

在金融方面，AIGC（含ChatGPT）的加入，可以实现金融资讯、产品介绍视频内容的自动化生产，实现降本增效；同时，还可用于分析金融数据并检测欺诈，以及为个人提供个性化的金融建议。

在数字经济与工业方面，AIGC（含ChatGPT）的加入，加速数字孪生系统的构建，高效创建数字孪生系统；使其融入计算机辅助设计CAD，极大地缩短工程设计周期；支持生成衍生设计，实现工业动态模拟。

除此之外，AIGC（含ChatGPT）还可以在众多领域中得以广泛应用，如表8-4所示。

表 8-4 AIGC（含 ChatGPT）在其他领域的应用

领域	内容描述
法律服务	可用于分析法律文件并为个人和企业提供法律建议。
市场营销	可以解决线上线下协同营销过程中的自动化断点问题，实现营销策略自动生成和迭代、渠道自动分流；自动生成营销话术、广告文案及头图等运营内容，分析客户情感和行为，并为个体用户量身定制营销活动。
风险识别	基于大语言模型技术，可实现对关键要素的提取、资料自动化审核、风险点提示等风控领域的业务流程，提升风控相关业务的自动化水平。
个性化搜索引擎	以生成式问答为主体，结合现有的NLP、GPT、搜索引擎、知识图谱和个性化推荐等AI能力，综合考虑用户的提示词标注、知识结构、用户习惯等，进行应对用户提问的内容生成和展示，提供个性化的搜索服务。
增强知识图谱	使用GPT生成技术，结合知识图谱技术，可生成扩展图，在知识图谱引擎原有的隐性集团识别、深度链扩散、子图筛选等能力的基础上，扩展出更高维度、更大范围的隐性关系识别。
社交媒体	可用于分析社交媒体内容，监控在线对话，并检测用户行为的模式和趋势。
交通运输	可用于为车辆中的语音助手提供动力，并帮助驾驶员导航和控制各种车辆系统。
机器人学	可用于实现人机自然语言交互，帮助机器人理解和响应人类的指令和请求。
各类研究	用于分析各种来源的大量数据，并识别人类研究人员不容易察觉的模式、趋势和相关性；帮助研究人员从大量的非结构化文本数据中提取相关信息，例如研究论文、新闻稿件和社交媒体帖子等；帮助研究人员相互协作，提供实时翻译、自动校对和编辑、内容摘要等服务。
……	

第九章 ChatGPT使用示范、常用技巧与应用工具

如何使用ChatGPT呢？用户可以选择一个能够运行ChatGPT的平台，例如Hugging Face、DialoGPT等，通过这些平台直接与ChatGPT进行互动交流。比如，输入某个问题或话题，ChatGPT就会自动生成回复。不过，目前OpenAI还未对中国内地与香港地区用户开放，我们暂时无法通过OpenAI官网去注册使用。

ChatGPT除了基本的对话交流之外，还有其他诸如问答系统、文本摘要、文本分类等功能，用户只有在不停地使用ChatGPT的过程中，才能对其功能、应用场景有更深入的了解。

当然，在与这些数以亿计的用户互动的过程中，

ChatGPT通过反馈会不断地学习和优化，进而提高其生成回复的质量和准确性。对于用户来说，可以利用这一点来获得更多更准确的知识和信息。

最近，OpenAI官方给出的ChatGPT使用的示例，是在近期全球用户使用ChatGPT情况的大数据统计及产品开发人员研究后提出来的。通过这些囊括自然语言处理各大细分领域的示例所涉及的提问类型、方式，结合不同的提问对象、不同的场景，以及对其如何准确把握关键词和上下文信息的思考，用户就能大致明白使用这类智能工具的普遍性技巧，进而更加高效地获得所需的知识、信息。同时，这也可以为用户未来使用国内同类产品提供一些技巧。

一、48 个 ChatGPT 使用示例

OpenAI官方给出了ChatGPT的48个使用示例，这些示例是ChatGPT开发人员综合考虑ChatGPT性能，并结合最近几个月以来数以亿计用户使用情况的大数据分析给出的，全面而权威，如表9-1所示。仔细研究这些

示例，有利于人们高效、准确地挖掘ChatGPT的深层次用途。

表9-1　OpenAI给出的48个ChatGPT使用示例[①]

序号	内容	序号	内容
1	回答基于现有知识的问题	25	回答关于语言模型问题的机器人
2	纠正语法问题	26	创建给定主题的物品清单
3	将困难的文本转化为简单的概念	27	对一段文本进行基本情感检测
4	将自然语言转化为OpenAI API	28	从文本中提取机场代码
5	将文本翻译为编程命令	29	创建简单的SQL查询
6	将英语翻译为法语、西班牙语、日语	30	从一段文本中提取联系人信息
7	将自然语言转化为Stripe API	31	将简单的JavaScript表达式转换为Python
8	将自然语言转化为SQL查询	32	模拟短信对话
9	从长文本中创建表格	33	将文本描述转换为颜色
10	通过示例将项目分类为类别	34	为给定Python函数创建文档字符串
11	以人类可理解的语言解释Python代码	35	创建类比
12	将电影标题转化为表情符号	36	将JavaScript函数转换为一行代码
13	查找函数的时间复杂度	37	从主题输入创建两到三个句子的短篇恐怖故事
14	将一种编程语言翻译为另一种编程语言	38	将第一人称视角转换为第三人称视角
15	为文本进行高级情感检测	39	将会议记录转换为摘要
16	解释复杂的代码	40	创建健身和虚拟现实游戏的创意

① 摘自OpenAI官网，并翻译整理。

续表

序号	内容	序号	内容
17	从一段文本中提取关键词	41	为研究主题生成大纲
18	引导模型以事实为基础回答问题	42	从一组成分中创建食谱
19	将产品描述转化为广告文案	43	与AI助手进行开放式对话
20	创建产品名称	44	Marv讽刺聊天机器人
21	通过添加TL;DR来总结文本段落	45	将自然语言转换为一步一步的方向
22	找出并修复源代码中的错误	46	将几个单词转换为餐厅评论
23	创建各种数据的电子表格	47	提供一个主题并获取学习笔记
24	回答JavaScript问题的消息式机器人	48	创建面试问题

二、不同人群的使用

OpenAI官方研究人员经过统计分析，总结了最受欢迎且最能收到较好效果的使用情况，按照人群来分，给大家提供参考。

对于开发人员，主要包括SQL翻译、Python错误修复、文本转命令、语法纠错、JavaScript助手聊天机器人、JavaScript一行函数等应用。

对于学生，主要包括问答、儿童语言摘要、创建大纲、创建学习笔记、生成适合的书籍列表、将Python代码转换成自然语言描述、面试问题等应用。

对于市场人员，主要包括产品名称生成、产品描述性广告生成、餐厅评价生成等应用。

对于数据分析人员，主要包括解析非结构化数据、分类、提取联系信息、事实回答、提取关键词等应用。

三、不同场景的使用

OpenAI官方研究人员经过统计分析，总结了最受欢迎且最能收到较好效果的使用情况，按照不同场景来分，给大家提供参考。

对于人机交互，主要包括聊天、讽刺聊天机器人、微型恐怖故事创作者、逐步导航等应用。

对于自然语言处理任务，主要包括问答、语法校对、儿童语言摘要、文本转命令、自然语言转Stripe API、Python转自然语言等应用。

对于开发辅助任务，主要包括Python转自然语言、Python错误修复、JavaScript转Python、JavaScript帮助聊天机器人、JavaScript单行函数、SQL翻译等应用。

对于创意生成任务，主要包括产品名称生成、TL;DR摘要、同行类比、VR健身理念生成器、餐厅评论创建者等应用。

目前，回答效果最理想且比较受欢迎的应用有：问答、儿童语言摘要、分类、事实回答、Python错误修复等。

四、使用ChatGPT的常用技巧

根据上述OpenAI官方提供的示例，结合ChatGPT的性能，我们大体归纳一下使用技巧，主要包括清晰提问、联系上下文文意、考虑文化背景和语言环境、适当缩小领域、尝试不同表达方式、给出反馈提示、尝试不同的模型和参数等，如表9-2所示。

表9-2　使用ChatGPT的7种技巧

分类	描述
清晰提问	使用清晰、简短、明了的词汇，尽量用简单结构的句子来提问，这样ChatGPT更容易理解用户的真实意图。
联系上下文文意	要联系上下文信息提问，这样可以帮助ChatGPT根据之前的交流信息来生成文本内容。同时，还可以通过提供更多的上下文信息来引导ChatGPT生成内容的风格。
考虑文化背景和语言环境	不同词汇在不同文化、语境和场景中可能有不同的含义，这是必须考虑的，这样才能保证与ChatGPT交流获得准确的信息，并挖掘更多知识。
适当缩小领域	为了避免问题过于宽泛，有必要将问题限制在特定领域或主题范围内，这样才能提高ChatGPT的回答准确性。
尝试不同表达方式	如果ChatGPT无法理解用户的提问，可以尝试以不同的方式重新表达问题，或者通过重新构造问题并提供更多上下文信息、使用不同单词或短语来描述问题，以帮助ChatGPT更准确地理解用户意图。
给出反馈提示	当ChatGPT给出答案后，需要给出明确的反馈及必要的提示，使其更准确地捕捉用户的意图。也可以通过不断的追问，让ChatGPT按照用户的思路在信息库中进行深入挖掘。当然，如果ChatGPT缺乏一些生僻知识而回答错误，用户也可以进行补充，这个过程也是它学习的过程。
尝试不同的模型和参数	如发现ChatGPT的回答不符合需求，可以尝试使用不同的模型或参数。因为ChatGPT有多个预训练模型和不同的参数配置，适用于不同的应用场景。

在表9-2的基础上，补充两点：

一是，由于中国文化博大精深，ChatGPT对其理解还有很多问题，如其回答不准确，尽可能用英文去描述问题。

二是，在让ChatGPT回答问题前，先让它去扮演一个角色，使用其模板来回答或能获得更好的效果。

总之，使用上述技巧，可以帮助我们更好地利用ChatGPT获得更好的效果。

五、围绕 ChatGPT 的六大工具与应用

自然语言处理系统需要足够的资金和技术能力来支持开发和维护，而这类技术过去基本被各大科技巨头藏私；然而，ChatGPT的出现，开创了许多新的应用场景和商业模式，使得这类技术变得更加普及和易于使用，从而为很多初创公司和开发者打开了进入的大门，这是一种革命性变革。

目前，围绕ChatGPT打造的第三方工具主要包括ChatGPT桌面版、Awesome ChatGPT Prompts、Steamship、ChatGPT Everywhere、AI Engine和ChatGPT VSCode等，

具体内容详见表9-3。

表9-3 围绕ChatGPT的六大工具与应用

序号	工具	描述
1	ChatGPT桌面版	ChatGPT桌面版是一个在macOS、Linux和Windows上可用的多平台解决方案，属于一个非官方开源项目。用户可以在桌面上通过快捷键使用ChatGPT，并以PNG、PDF和Markdown格式导出对话历史记录。另外，有一个专门针对Mac用户的简单的macOS应用程序，叫作ChatGPT macOS，可以将ChatGPT API集成到菜单栏中，用户可使用快捷键Cmd+Shift+G进行快速访问。
2	Awesome ChatGPT Prompts（很棒的ChatGPT提示例库）	在此类应用库中，用户可以找到用在ChatGPT上的各种提示；同时，也可以将自己的提示添加到列表中，并使用ChatGPT生成新提示。目前，此类专门帮助用户优化的prompt服务还不少。比如，有人开发了一个ChatGPT Prompt Generator App，用户可以输入“开发者”“演员”“画师”等自己想要呈现的角色名，由此生成相对应的prompt，来优化呈现的结果。当然，这类应用还处于开发初期，服务还不稳定。
3	Steamship	Steamship比prompt应用走得更远，往往会构建一个框架来托管和共享用户的GPT应用程序。
4	ChatGPT Everywhere	用于即时访问ChatGPT的Google Chrome扩展程序的第三方应用。通过该程序，用户可以在使用Google搜索时快速收集信息。它包括一个侧边栏，可以在Web上的任何位置呈现，只需单击一下，即可轻松访问ChatGPT的语言模型功能。另外，目前还有一个Chrome扩展程序，类似于ChatGPT for Gmail，可以利用ChatGPT帮助用户高效地处理电子邮件。

续表

序号	工具	描述
5	AI Engine	该应用能让用户用简码将ChatGPT风格的聊天机器人添加到自己的网站，属于一个WordPress插件。用户可以在其AI Playground中生成新内容、进行翻译和更正并寻找建议。同时，该插件提供快速标题和摘录建议，使用内置统计信息跟踪用户的OpenAI使用情况，还有一个内部API供其他插件使用和集成。此外，与WordPress相关的插件有GPT3 WordPress Post Generator。此脚本通过使用OpenAI GPT-3的API和用于API调用的OpenAI Python库，结合用于创建帖子的WordPress XML-RPC库，自动生成WordPress帖子。
6	ChatGPT VSCode	该应用允许用户直接在编辑器中提出自然语言问题，并从ChatGPT获得答案，扩展集成了ChatGPT API的Visual Studio代码。它在侧边栏中提供了一个用户友好的输入框用于提问，以及一个面板来查看响应，在保持上下文对话的同时跟进其他问题的能力。此外，只需单击一下，即可将AI响应中的代码片段插入活动编辑器中。

第十章 AutoGPT：通向通用人工智能的全新之门

AutoGPT一经面世便在互联网上掀起了一场“无所不能”的风暴。此前ChatGPT、Midjourney 等爆火之时，用户对其提问的内容和方式决定了人工智能产出的质量，所以提示就成为关键生产力。然而，对于AutoGPT，只需告诉它你想要实现的目标，它便可以自我提示，全程自动解决复杂任务。

正如特斯拉前AI总监、刚刚回归OpenAI的技术大牛安德烈·卡帕斯（Andrej Karpathy）在推特所说的那样，AutoGPT是提示工程的下一个前沿。AutoGPT正在为通向通用人工智能之路打开一扇全新的大门。

一、AutoGPT 概念与 4 月惊奇

AutoGPT最初名叫EntreprenurGPT，由英国的游戏开发者Significant Gravitas开发，并于2023年3月16日在GitHub上发布。该项目是一个基于GPT-4语言模型的开源、实验性的Python应用程序，结合了GPT-4和GPT-3.5技术，通过API来创建完整的项目。它可以根据用户给定的目标，自动生成所需的提示，并执行多步骤任务，不需要人类的干预和指导。

AutoGPT本质上是一个自主的AI代理，极大可能成为下一个更强大的AI工具。AutoGPT可以利用互联网、记忆、文件等资源，来实现各种类型和领域的任务。这意味着它可以扫描互联网或执行用户计算机能够执行的任何命令，然后将其返回给GPT-4，以判断其是否正确，以及接下来要做什么。也就是说，AutoGPT充当了机器人或GPT-4、GPT-3.5等人工智能模型的“大脑”，帮助它们进行“思考和推理”。

所以，AutoGPT不用插件就能自动联网、编程、使用Office软件。更厉害的是，只需要提出任务目标，它

就能自己细化分解，不断尝试，直到达成结果。比如，有人提出制作网站的要求，AutoGPT自己上网搜索信息，梳理制作网页的过程，然后打开第三方开发工具，生成代码，经过几轮测试，最终做出了一个网页界面。

2023年4月是个有太多惊奇的月份，仅在月初就产生了10个具有代表性的AI代理与31个有趣的新产品，其中包括AutoGPT、BabyAGI、AgentGPT等。

在AutoGPT开源后不久，投资人吉平中岛就于4月3日开发了类似的BabyAGI。4月9日，AgentGPT被发布，为AutoGPT加上了Web界面，使得非程序员背景的人也能使用AutoGPT。

4月12日，Teenage AGI发布，它在AutoGPT的基础上增加了基于Pinecone的记忆能力，从而使AutoGPT能联网，能读写数据和文件，能记忆已经做完了什么工作，并能够使3个GPT-4协同合作。其中，一个GPT-4负责分解目标、创建任务，一个GPT-4负责分配任务和优先级，另一个GPT-4负责执行任务与写入内存。AutoGPT已经可以撰写市场调研报告、竞品分析报告，起草创业公司的商业计划书（BP），甚至能发招聘通知；它能扮演角色，能使用任何语言，能充当24小时无休的在线客服；它能运营社交媒体账号，根据点赞数量发布受点评内容；它能充当理财顾问，根据最新情报给出建议；开发网站、写代码更是它的拿手好戏。

二、AutoGPT 的功能、模块与重大意义

AutoGPT在执行任务的过程中，不仅能够生成思路，还能进行反思。

1. AutoGPT 的主要功能

（1）能自主执行任务，让AI根据任务目标自主制定策略。

（2）可访问互联网，进行检索和信息收集；可接入热门网站和平台，同步获得各个行业的最新趋势和新闻。

（3）可接入Pinecone以管理长期和短期内存。

（4）可使用GPT-4以自主生成文本，提高文本生成的准确性、精确度、专业性。

（5）可自主评估执行情况、追踪新数据并主动修改策略。

（6）可使用GPT-3.5进行文件存储和摘要生成。

总之，AutoGPT具有互联网访问、长期和短期内存管理、使用GPT-4实例进行文本生成、使用GPT-3.5进行文件存储和摘要生成等功能。它还可以根据给定的输入提示生成博客、自动分析市场并提出交易策略、自动进行产品评论、撰写营销方案等。此外，AutoGPT还可以通过学习上下文和输入提示的结构来提高生成文本的准确性和相关性。

2. 执行任务的四大模块

在AutoGPT中，用户只需为其提供一个AI名称、描述和五个目标，它就可以自己完成任务。AutoGPT在每一个执行步骤中包含AI Thoughts、Reasoning、Plan和Criticism四个模块。其中，AI Thoughts模块用于生成初步的分析思路，Reasoning模块提供思路背后的原因及解释，Plan模块提供初步的计划，Criticism模块对每一步执行结果进行自我反思和审查。

3. 重大意义

AutoGPT与ChatGPT不同。ChatGPT等AIGC模型依赖于指令来完成任务，用户需要不断对AI提问以获得对应回答；而AutoGPT能够根据用户目标自动开始工作，自主调整和优化策略，实现了AI的“自我反思”。AutoGPT展现了GPT模型还未被开发的潜力，即AIGC的运行过程不是一定需要指令。

目前，AutoGPT虽然在某些编程语言和处理复杂任务方面存在一定局限性，但是它作为一种新兴的AI技术，已经展示出强大的潜力和广泛的应用前景。

因此，AutoGPT的面世，让指令不再是AIGC的必需资源，同时展现了GPT模型的巨大潜力，距离通用人工智能更进一步。

三、AutoGPT 的优缺点

AutoGPT的最大优点是弥补了GPT-4的缺点，实现了任务执行的自动化，这也是AutoGPT能在短时间内爆火的原因之一。我们知道，GPT-4在生成文本、代码等内容方面的能力非常强，但是它没法自动执行任务，而AutoGPT相当于给了GPT-4一个“身体”，充当了它的“四肢”，从而对生成内容实现深度应用。其优点如表10-1所示。

表10-1　AutoGPT的优点

优点	描述
补齐GPT-4的短板	自动执行诸如跨平台搜索、数据搜集、分析与撰写文稿、程序等任务，充当了GPT-4的“四肢”。
强大的代码开发功能	实现了代码全自动化开发、审核、迭代。所以，AutoGPT应用最多的业务场景之一就是代码开发。比如，有人通过AutoGPT自动创建了一个网站，无须人工干预，全部由AutoGPT独立完成。
端到端应用	端到端数据提取、录入的自动化任务执行是AutoGPT的强项。
内容识别	可以自动识别pdf、bmp、jpg、png、tif、gif、pcx等格式的非结构化数据，并将其转化为结构化数据。
任务执行过程全自动化	直接将文案发布到营销平台中，实现闭环自动化营销，进一步节省人力成本和时间成本。

从目前来看，AutoGPT也存在很多缺点，具体参见

表10-2。

表10-2 AutoGPT的缺点

缺点	描述
需要密钥	要使用AutoGPT的话，就必须有GPT-4或GPT-3.5的API密钥。目前，GPT-4的API密钥需要申请审核使用，GPT-3.5的API密钥获取稍微方便一些。
花费高昂	AutoGPT是基于GPT-3.5和GPT-4建立起来的，而GPT-4的单个token价格为GPT-3.5的15倍。假设每次任务需要50个step，每个step花费6K tokens，提示和回答的每1K tokens平均花费是0.05美元（实际使用中，回答使用的token远远多于提示），那么，一次任务就得花费100元左右人民币。
常见死循环现象	一种死循环：AutoGPT在执行任务中会将任务细化并分解，如一旦遇到GPT-4都无法处理的问题时，每一个step执行之后的动作都是“do_nothing”，而且下一个动作仍是这个。如反复这样的话，就会造成极大的资源浪费。目前，并没有很好的解决方案。 另一种死循环：AutoGPT生成的Python脚本执行的时候无法正确完成任务，接着GPT-4就会尝试修复脚本，再重新执行；这类修复可能分为很多步，让人很难发现问题所在，且修复往往不起作用，由此出现死循环。
不稳定	目前，AutoGPT还处于测试阶段，在执行烦琐、复杂的业务流程时会出现不稳定的情况。其“母体大脑”GPT-4生成token的速度比GPT-3.5慢许多，再加上脚本执行其他指令，消耗的时间就更长了。
引发担忧	AutoGPT属于开启人工智能自动执行任务的重要实践，引发了人们对此类技术的可靠性和安全性的担忧。

当然，AutoGPT才刚刚起步，未来的路还很长，它的缺点是可以逐步解决的，它应该是未来AI发展的重要方向。

四、AutoGPT 与 ChatGPT 的主要区别

AutoGPT和ChatGPT都是基于GPT模型的自然语言处理技术，是两个不同但相关的人工智能系统。

这两个模型系统都使用了流行的GPT这种预训练大模型架构，这是一种基于注意力机制的神经网络。不同的是，ChatGPT使用GPT-3架构，并在大量对话数据上进行训练与微调，目的是在对话应用程序中生成类似人类的响应；而AutoGPT是使用强大的GPT-4和GPT-3.5大型语言模型来构建的（其中，其自主执行能力的训练基于GPT-2架构，针对各种编程任务进行微调，这是一种专为自动化代码生成过程而设计的架构），其训练涉及大量的编程代码、文档和其他相关文本，数据主要集中在编码、调试和测试等软件的开发任务上。

这两个模型的训练数据和输出目标不同。ChatGPT专为聊天机器人开发而设计，可以通过对话实现问答式交互，并且支持生成自然流畅的对话回复，从而提供更加人性化的用户体验；而AutoGPT专为自动内容生成而

设计，也就是说，它是一种可以针对不同任务进行自动指定的GPT模型，通过数据自动标注和学习，可以自动生成适用于特定任务的GPT模型，而不需要人工干预。AutoGPT相较于传统的GPT模型，更加灵活且适应性更强。

所以，AutoGPT更加注重提高模型的准确率和泛化能力，而ChatGPT更加注重生成自然流畅的对话，从而提供更加良好的用户交互体验。

另外，这两个模型的应用场景略有不同。ChatGPT可以应用于客户服务、智能助手、安卓或iOS应用程序及智能音箱等人机交互场景；而AutoGPT可以应用于文本分类、情感分析、自动摘要、机器翻译等各种任务，还可应用于科学研究项目，例如总结医学期刊或分析社交媒体数据等。

五、AutoGPT 与 RPA+AI 比较

RPA是机器人流程自动化，全称为Robotic Process

Automation，是以软件机器人及人工智能为基础的业务过程自动化科技。RPA系统是一种应用程序，通过模仿最终用户在电脑的手动操作方式，提供了另一种途径使最终用户手动操作流程自动化。

AutoGPT此次的爆火也为RPA赛道注入了新活力，让全球更多的用户知道了自动化的好处。它们之间异同关系如下：

1. 技术原理的异同：两者从底层技术来看是通用的，RPA的核心包括NLP、OCR、CV、ML等众多主流AI，而AutoGPT的核心是GPT-4。

2. 技术特性的异同：两者都是通过端到端自动化为用户提升效率、节省时间，它们对于整个自动化生态起到了推动作用，尽管未来两者之间可能存在竞争关系。

3. 场景关系：很多时候，AutoGPT与RPA+AI的应用场景重叠，AutoGPT支持更复杂、更长的自动化流程。

4. 用户对比：对于RPA，没有编程背景的业务人员也能使用，支持无代码、可视化拖拽的构建方式；而对于AutoGPT，专业编程人员使用起来更具优势，未来这种情况会改变，一些配套使用工具会不断地研发出来。

5. 从目前来看，RPA在金融、证券、银行、政务等领域应用得最多，其安全性较高；而AutoGPT前景可期。

总之，AutoGPT的火爆，说明端到端业务流程自动化的需求会越来越受欢迎。可以预见，随着AutoGPT更多的变体出现，以及下沉到更深的业务场景中，普通人也可以通过AutoGPT或RPA+AI执行很多重复、枯燥的业务流程，人们的工作效率将获得质的提升。

六、AutoGPT 的使用与注意事项

这里介绍三种使用AutoGPT的方式，具体见表10-3。

表 10-3　使用 AutoGPT 的三种方式

序号	方式	操作描述
1	使用本地部署 AutoGPT	将 AutoGPT 安装在本地电脑上，效果是最好的。这需要设置 Git（无 Git 可直接下载 zip 压缩包解压）和安装 Python，然后从 GitHub 上克隆 AutoGPT 的存储库。安装完成后，需要拥有 OpenAI 和 Pinecone 的密钥才能使用。在执行每一个步骤之前，AI 都会告诉你它要做什么并征得你的同意。你也可以将 AutoGPT 设置为全自动模式，但这样做会有风险，最终生成的结果可能只是一些正确但无意义的废话。
2	通过 AgentGPT 使用	AgentGPT 是一个在线网站，可以在浏览器中组装、配置和部署自主 AI 智能体。通过该途径使用的方法比本地部署更简单，只需要访问该网站并直接使用即可。你可以给你的 AI 起一个名字，告诉它你想要做什么，然后 AI 会分析完成任务所需的步骤并自动执行。目前，AgentGPT 是免费的，但仍需要 OpenAI 的密钥。
3	通过 cognosys 网站访问	访问一个名为 cognosys 的网站。这个网站不需要部署，也不需要 OpenAI 的密钥，成本最低，但是生成效果最不理想。

在使用该开源项目时，有如下三点需要注意：一是，如果用户没有使用 GPT-4 API 的权限，在使用该项目时可以通过 GPT-3.5 进行替代；二是，GPT-4 API 非常昂贵，在使用的过程中需要格外小心；三是，AutoGPT 目前只是一个实验产品，在很多复杂的业务场景中可能会出现混乱、表现不佳的情况。

第十一章　GPT-4、GPT-5 等迭代与 AGI 冲击及对齐研究

在GPT-1产生之前，传统的自然语言处理遭遇瓶颈。GPT-1开启了人工智能预训练的大模型时代，GPT-2利用无监督预训练模型来做有监督的任务，GPT-3的出现让人工智能革命获得突破性的进展，而GPT-4的面世则开创了多模态模型人工智能新的里程碑。关于GPT的迭代，前面章节大致有所涉及，本章的焦点主要集中到GPT-4和未来的GPT-5上。

一、GPT-4：多模态 AI 新的里程碑

在发布ChatGPT后不到4个月，2023年3月14日，OpenAI发布了轰动整个科技界的GPT-4，这一模型属于

行业里程碑式的多模态GPT模型。

GPT-4是OpenAI花费了6个月的时间，利用对抗性测试程序和ChatGPT中积累的经验迭代调整而来。该模型尽管远非完美，但是，比以往任何时候都更具创造性和协作性，并且可以更准确地解决过往模型没法解决的众多难题。

相比之前的模型，如ChatGPT、GPT-3、GPT-3.5等，GPT-4回答问题的准确性大幅提升，能够编写更大型的代码，具备更高水平的识图能力，并能通过图片产生文字，且能对其生成的歌词、创意文本等实现风格变化。当然，它的应用也更加安全和协调。

GPT-4能让用户交互使用文字、图像提示而获得满意的图文生成内容，其文字输入限制提升至2.5万字，且对于英语以外的语种支持有更多优化。GPT-4代码生成能力强大到仅仅接收一些简单的指令便能生成用户所需的复杂代码，甚至网站。

此外，GPT-4虽然在许多现实世界场景中的能力不如人类，但在各种专业和学术基准上表现出了人类水平，例如能够通过模拟律师资格考试，解决逻辑难题，通过大学数学考试，甚至能根据你冰箱里的剩菜给你几个有用的食谱。据了解，GPT-4能在美国大学基础微积分课程中获得4的成绩（满分是5），在模拟律师资格考试中的成绩位于前10%（GPT-3.5的成绩位于后10%）。

GPT-4可以帮助人们更好地理解、表达和创造语言，更好地发现和学习知识，是一个在众多方面具有人类水平的人工智能语言模型。它不仅是一个强大的工具和助手，还是一个有趣的伙伴和创造者。

总之，GPT-4超越了ChatGPT，是OpenAI截至目前最先进的产品之一，开创了人工智能领域新的里程碑。

二、GPT-4 与 ChatGPT 的比较

这里对GPT-4和ChatGPT的众多功能做个比较，详见表11-1。

表11-1 GPT-4与ChatGPT比较，展示GPT-4的强大优势

比较类别	GPT-4	ChatGPT
GPT-4比ChatGPT拥有更广泛的知识与常识	使用了更多、更新、更多样化的数据来训练，解决的问题涵盖更多领域和主题的信息，并且能够正确地处理事实、数字和细节。	可能出现一些错误或矛盾的回答，无法回答超出其范围的问题。
GPT-4比ChatGPT拥有更强大的视觉能力	除了文本之外，还可以识别、描述、生成、编辑图像和视频，能够根据用户的需求和意图提供相关的信息或服务，且能够在多模态的场景中进行交互。	无法处理视觉内容，或者只能在一定程度上进行简单和直接的识别或描述。
GPT-4比ChatGPT具有更先进的推理能力	除了记忆和重复知识之外，还可以利用其深度学习方法进行诸如因果关系、类比关系、逻辑关系等复杂而抽象的思考，还能够根据上下文和目标来调整策略和方法，从而解决难度较高的问题。	只能在一定程度上进行简单和直接的推理。
GPT-4比ChatGPT具备更高水平的创造力和协作性	可以生成、编辑、迭代各种类型和风格的文本，并且能够根据用户的反馈和建议改进输出。可以为用户完成创造性和技术性的写作任务，例如创作歌曲、编写剧本或者学习用户的风格和偏好等。	只能在一定范围内进行有限的创造和协作。只能进行基本的和日常的对话，缺乏足够的灵活性和适应性。
GPT-4比ChatGPT具有更广泛的应用前景	在很多方面具备了人类水平的语言理解和生成能力，以及其他方面的优势，可以在各种领域和场合发挥重要作用，带来便利和价值。	只适用于一些特定的或简单的场景或任务。

针对上述比较，这里做出两方面的补充说明：

在上述表格的第一项中，GPT-4较ChatGPT优秀的

表现很多。比如 GPT-4可以根据知乎、推特等平台的热门推文进行分析和总结，抓取关键信息，并用简洁、准确的语言予以表达；GPT-4可以针对包含图像的数学、物理等自然学科的题目，理解各种格式下的图像和文字，一步步推理并最终得出题目的正确答案；GPT-4可以处理诸如梗图、漫画、论文等各种类型和风格的文本，进而解释、生成或总结其含义等。

在上述表格的最后一项中，GPT-4所具有的众多应用场景都是ChatGPT不能实现的。比如，ChatGPT只能处理纯文本内容，而GPT-4还可以利用其多模态模型玩梗图、生成漫画等；ChatGPT一般只能处理一些简单的编程任务，而GPT-4几乎可以使用所有编程语言；ChatGPT几乎无法理解复杂的法律问题和案例，而GPT-4可以通过律师资格模拟考试，分数超过90%的人类考生；ChatGPT无法满足复杂的办公需求，而GPT-4可以接入Office等办公软件，提高生产力和创造力；ChatGPT可能只适用于一些特定或简单的场景或任务，而GPT-4可以作为智能助理、教育工具、娱乐伙伴、研究助手等，并且能够与人类进行有效而友好的沟通与合作。

由此可知，GPT-4比ChatGPT强大、优秀得太多太多。

三、未来GPT-5的超级能力

2023年4月14日，麻省理工学院科学家弗里曼连线“ChatGPT之父”阿尔特曼。阿尔特曼称，在短期内不会再继续研发GPT-4，这个“短期”可能是6个月。

如果这个承诺为真的话，那么GPT-5最早也只可能在2024年才能面世。未来的GPT-5或将实现人工智能技术领域的重要突破，可能会在GPT-4的基础上带来很多具有变革性的能力。业界的一些内部调研认为，这些重大突破、变革性的能力主要表现在七大方面[①]，具体参见表11-2。

---

① 小林:《最快六月露面！ GPT-5七大震撼能力首次揭秘》，AI新智能，2023年4月11日，https://mp.weixin.qq.com/s/Ulw9vmfYfd6VFGzBgWZdpw。

表 11-2　未来GPT-5的七大超级能力

超级能力	描述
强大的多模态处理能力，涉及音频、视频与3D等	所谓多模态模型处理能力，是相对于Stable Diffusion等图像处理模型来说的，前者可以理解图像的内容，而后者仅仅是将图像变成一个个简单的标签。当前，GPT-4的多模态能力仅限于图片处理能力，比如能够理解图像中的逻辑和其中的幽默感，而GPT-5的视频处理能力则会将多模态的能力提升到接近人类的程度。
颠覆影视制作，引领娱乐和媒体消费的革命	GPT-5可以将AI技术引入影视创作领域，记录观众的实时反应，以此为基础，不断演绎和创造故事情节，如同人们在“清醒梦”中可以随着意识变换梦境一样。于是，观众不再是单纯的内容接收者，而是故事的共同创造者，这将不仅仅是一种技术进步，而是一场真正的娱乐和媒体消费方面的革命。
为机器人提供智慧大脑	GPT-5的多模态处理能力，可以使机器人更好地感知和理解人类的情感和语言，从而更好地与人类进行交互和协作。同时，机器人还可以借助GPT-5的能力对周围环境进行感知和分析，从而更好地适应环境变化，为人类提供更加智能化、高效的服务。这些如同为机器人的大规模应用提供了智慧大脑。
自主人工智能模型的能力大增，通往通用智能	GPT-5可以创建人工智能模型来自主学习和完成新任务，同时，还可以将多个人工智能模型结合在一起，激发出更强大的智能。在人机交互方面，GPT-5可以作为入口，下级则可以接入众多诸如物流配送、医疗诊断、无人驾驶等专业化、小型化、高效化的“小”模型，以提高效率和质量。另外，近期的GitHub热门项目BabyAGI还给我们揭示了AI的另一个发展方向，即自我管理与自我进化。总之，GPT-5将为人工智能领域的发展带来前所未有的突破，可能开启一个全新的智能互联网时代。

续表

超级能力	描述
强大的虚拟世界、数字孪生与预测未来	GPT-5能够基于单个输入问题或目标，连接来自更多模式的数据点，然后自主创建包括独特生态系统、文化和历史的完整的虚拟世界，从而打破时空束缚，为人类创造了更多活动空间，沉浸式体验也因此会变得更加容易。另外，虚拟世界可以利用GPT-5对现实世界实现全方位全细节的"数字孪生"，甚至成为人们解决现实问题的试验场，制定接近"零试错成本"的完美方案，规避现实世界项目推进中的种种未来风险，如同预测了现实世界的未来结果，振奋人心。
超强垂直行业应用	GPT-5 将在人类工作场所中产生革命性的影响。它可以通过自动化频繁和重复性的任务，解放打工人（或者说替代打工人），让人们专注于更具创造性和战略性的工作。
创建个人智能生态	GPT-5 驱动的虚拟助手能够访问一系列设备并与其同步，包括手机、计算机、汽车、机器人家电和办公设备，从而创建一个根据我们的需求量身定制的智能生态系统，如同秘书团队和包装、服务团队一样，只是从人体变成了电子智能体。

GPT-3在自然语言处理领域已经是一个巨无霸级别的模型，拥有了1750亿参数；而GPT-4肯定会突破这一纪录，预计会拥有2500亿甚至3000亿参数；GPT-5的规模则更加难以想象。一些学者甚至预测，未来的GPT模型可能会达到1万亿甚至数十万亿的参数规模（当然，参数不是唯一考核依据，数据库的质量等指标也很重要）。GPT-4与GPT-5数据库的大小比较如图11-1所示。

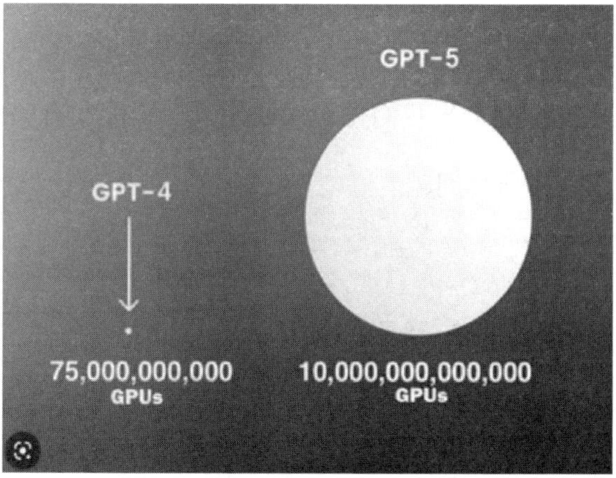

图11-1　GPT-4与GPT-5的数据库比较（图片来源：知乎）

显然，GPT-4、GPT-5的强大功能及相关技术的发展，必然推动人工智能实现更加精准的语言模型、更加高效的计算方法、更加丰富的语言生成能力和更加智能化的交互方式；同时，也对人类学习、工作、生活，甚至生存带来冲击。特别是在GPT-3.5基础上训练出的ChatGPT、以GPT-4为基础的自主人工智能AutoGPT等应用的产生，虽然远远不及GPT-4、GPT-5的能量，然而它们却正在朝向“通用人工智能”方向大步前进，并迅猛地刺激着人类这根敏感的神经。ChatGPT和AutoGPT之所以能够相继引发全球热潮，其重要原因之一便是人们对未来不确定性的担心和恐惧。

由此，接下来我们得谈谈通用人工智能和有关人工智能的对齐研究问题。

四、通用智力与通用智能之辨

很多学者认为，通用人工智能到来的时间会提前，也许2035年就是通用人工智能的“奇点”时刻。

就人类个体来说，什么是通用智力？简单来说，就是人们日常最基本的学习、思考与行为能力。因为人人兼有，所以看起来绝大多数的人类个体都很平凡，实际上它是人类独享的最伟大的神秘“杀器”。现在的ChatGPT、AutoGPT、GPT-4、GPT-5等似乎有了一些这样的能力。人的通用智力与这之前的人工智能相比，到底具有多么神奇而伟大的力量呢？本人之前在《新未来简史》一书中曾有过描述：

有两棵桃树，分别为甲和乙。在甲的枝条上嫁接不同的桃树枝，它能存活且基本上能长出桃来，但是，若嫁接其他任何水果枝条，几乎都不能存活，更不用说长出相应的水果来了。这就如人工智能的“智能”与“学习能力”一样，是单一或少许维度的能力。

对于桃树乙，同时嫁接数百数千甚至数万种不同品种的水果枝条，如果不仅可以存活，而且还能长出相应的千万种水果（虽然品相参差不齐）的话，那将是多么伟大的奇迹啊！这种情况，自然界中有吗？肯定没有。然而，人类的智力与学习能力就是这种情况。

虽然人工智能的“智力之树”上可能长出“篮球场”那么大的一颗桃子（比如单一维度的超级计算能力、棋步推算、文本搜索能力等），但是，它也只能长出桃子或少许类似的水果而已。

而作为人类的你，虽然只能长出鸡蛋那么大的桃子（单一能力相比较），但是，你的“智力之树”

上却能“嫁接”百种、千种甚至万种不同的水果（依靠大脑的通用智力，学会百种、千种技能，理论上是可行的），而且，还可以将这些数以万计的果实相互链接成一张张大网，融合、派生、裂变出数以亿计的新型水果来。这是多么伟大的“万能智力”啊！然而，这种智力只因为大家都有，于是你就显得很平常了。所以，日常生活中，人们往往轻视它，甚至作践它。

这么一比较，你是不是明白人类的智力与学习能力要比机器强百倍、千倍甚至万倍呢？实际上，这还算不上什么，关键还有两点：

一是，人类可以将这些数以百计、千计的“智力”综合起来，形成更高、更广和更深的，跨学科、跨领域和跨行业的伟大的“智慧”；二是，在这些智慧的互动下，人类达成了自然界最伟大的“集体学习”模式。这一模式到底有多么伟大与高效，回想一下曾经“人肉搜索”的厉害，以及维基百科等平台所分享知识的浩瀚，便可能感受到一点儿味道了——这才是最“了不起”的智能与学习能力啊！[①]

这部2018年出版的图书为我们诠释了什么叫作人类“通用智力”。在那个时候看来，人工智能是根本不可能突破“通用智力”这一界限的，甚至靠近它都可谓“难于上青天”。然而，当OpenAI于2020年和2022年年底相继推出GPT-3（圈内火）、ChatGPT（火出圈），于2023年3月推出GPT-4，而业界以GPT-4为基础于4月初推出AutoGPT、BabyAGI等自主人工智能助手的时候，似乎一切都开始悄悄改变了。

即便是这样，我们认为，诸如创造力、情感、责任、直觉和道德等人类独有的能力，都是人类伟大的“通用智力”派生出来的能力。人类“通用智力”之所以如此伟大，是因为其背后存在意识和“灵魂”，这或许是ChatGPT、AutoGPT和GPT-4等AI工具很难替代的根源。

---

① 王骥：《新未来简史：区块链、人工智能、大数据陷阱与数字化生活》，电子工业出版社，2018年4月第1版。

所以，按照目前可预料的科技水平来看，短时间内以ChatGPT、AutoGPT和GPT-4为代表的人工智能不会存在独立的意识，它的一切操作依然是按照事先设计好的程序进行。由于人工智能最大的优点就是出错率低，只要程序不出现故障，就能按照设定的流程走下去，并且能够获得更好的管理。

另外，关于进行创造性的工作，比如编写歌曲，ChatGPT、AutoGPT和GPT-4的风格存在情感与意识的断带情况；在绘画等其他领域，也存在文化、思维不协调的地方。也就是说，以ChatGPT、AutoGPT和GPT-4为代表的人工智能由于缺乏灵魂层面的自主意识，所以可以完成一般性的创造性作品，但是更深层次的创造性和艺术性作品就很难生成了。

综上所述，以ChatGPT、AutoGPT和GPT-4为代表的人工智能可以胜任重复的、有固定流程的工作，诸如软件的初级代码、模式化的新闻稿件、各类收费、机器人手术等；而只要人工智能不能产生独立意识，就不可能真正拥有通用智力，也就无法完全取代人类。由此，我们必须有清醒的认识：人工智能是时代发展的大势所趋，ChatGPT、AutoGPT和GPT-4只是其中具有代表性的产品，未来还会有更多的产品面世，这是科技趋势和潮流。与其担心被取代，不如从现在开始多学几项技能，争取跑在人工智能前面。

五、AI 工具对人类的最大威胁

实际上，ChatGPT、AutoGPT和GPT-4、GPT-5等AI工具对人类最大的威胁或许并不是它们的自我进化，而在于三点：一是虚假的文字、图片与内容制造轻易便能实现；二是无数的人或将失去岗位与经济来源；三是上述两点与元宇宙、Web3.0等相结合。

一方面，造假或将变得常见且能够被操控，世界将到处充斥着虚假文字、虚假照片和虚假视频，真相变得难以挖掘，普通人的思维、观念就会变得越来越混乱，甚至失去对黑与白、真与假的判断。另一方面，失去岗位的普通人或将被周遭颠倒黑白、指鹿为马的假象与虚拟世界包围，被洗脑、被利用成为常态，正义、善良的人性与正确的价值判断恐将逐渐丧失。由此，很可能在人工智能还没有进化出AGI时，人类已经自我堕落了……或许这一切都是少数企图控制世界的所谓“精英”们的阴谋或阳谋。

六、AI 对齐研究

很多科幻影视作品描述人工智能如何战胜人类，控制、奴役人类甚至消灭人类，描写得非常夸张，而“这种担忧是完全存在的”。即使不谈这些毁灭性的人工智能威胁，单单看ChatGPT、AutoGPT和GPT-4、GPT-5等AI工具对未来数以亿计人类工作替代的威胁，就足以让人担心不已，这是一方面。另一方面，随着人工智能技术的快速发展，人工智能的多任务学习能力和泛化能力越来越强。研究者认为，我们必须在超级人工智能诞生前解决对齐问题，因为一个设计不够完善的超级人工智能可能会从理性上迅速掌握可控制权，并拒绝其创造者对其进行任何修改。为了让AI工具最大限度地不损害人类的利益而为人类服务，产生了AI的对齐研究。

人工智能对齐（AI alignment）是AI控制中的一个主要问题，是近年来研究者开始关注的一项重要议题，即要求AI系统的目标和人类的价值观与利益保持一致并遵循人类意图。如果AI和人类的价值观不能对齐，可能会出现AI的行为不符合人类的目标意图，AI在多种设定目标冲突时做出错误取舍，AI伤害人类的利益和AI脱离控制这四种危险情况。

人工智能的对齐研究并不试图回答“什么是正确的”这类问题，而是专注于让AI与人类的意图实现对齐，主要存在三方面的挑战。一是选择合适的价值观；二是将价值观编码进AI系统；三是选择合适的训练数据。目前针对该问题，DeepMind和OpenAI分别从“提出合适的价值观”和“用技术方法实现对齐”两个方面进行了一些研究。

例如，OpenAI采用了一种迭代的、经验主义的方法，通过尝试对齐功能强大的人工智能系统，了解哪些技术手段是有效的，从而提高使人工智能系统更安全、更协调的能力，并通过实验研究对齐技术如何扩展及会在哪里中断。

该对齐研究方法侧重于为非常智能的AI系统设计可扩展的训练信号，该系统与人类意图一致，主要有“使用人类反馈训练AI系统”“训练人工智能系统以协助人类评估”“训练人工智能系统进行对齐研究”这三大支柱。

然而，解决通用智能对齐问题非常困难，需要全人类共同努力。因此，OpenAI致力于在安全的情况下公开分享对齐研究工作，他们希望对齐技术在实践中的实际效果保持透明，并希望每个通用智能开发人员都使用世界上最好的对齐技术。其中，使人工智能系统与人类价值观保持一致也带来了一系列其他重大的挑战，例如决定这些系统应该与谁保持一致，这也是前文所述“提出合适的价值观”问题。

关于OpenAI对齐研究的三大支柱之一“使用人类反馈训练AI系统”，最成功的例证就是InstructGPT这类模型的训练，这些模型源自GPT-3的预训练语言模型。早前，对GPT-3的预训练都是事先给出了明确意图和隐含意图，如真实性、公平性和安全性，这些训练的目的就是让这些大模型遵循人类意图。

与100倍大的预训练模型相比，人们更喜欢InstructGPT，其微调成本不到GPT-3预训练计算的2%，且需要大约20,000小时的人工反馈。由此表明，目前以对齐为重点的微调技术操作是很容易实现的成果。这为该领域的对齐研究提供了一个真实的例证，希望能够激励业内人士增加对大型语言模型对齐的投资，并提高用户对部署模型安全性的期望。

然而，一些用户发现，InstructGPT对人类对齐的众多指标的响应比预训练模型的创造性要差得多，这是研究人员在公开可用的基准上运行InstructGPT时没有意识到的。所以，目前的InstructGPT这类模型距离完全对齐还有非常遥远的距离，例如，它们并不总是真实地、可靠地拒绝有害的任务，有时并不遵循简单的指令，甚至给出有偏见或不良的反应。

第十二章　10 亿岗位冲击、何去何从与应对策略

“当知识变得网络化之后，房间里最聪明的那个已经不是站在屋子前头给我们上课的那个，也不是房间里所有人的群体智慧。房间里最聪明的人，是房间本身——容纳了其中所有的人与思想，并把他们与外界相连的这个网。”戴维·温伯格（David Weinberger）曾在《知识的边界》一书中如是说。

当然，这个网既可能指代互联网，也可能指代训练人工智能的深度神经网络。互联网发展到今天，在其上面结晶的人类知识、信息浩如烟海，如何挖掘这些信息，形成新的知识和科技，一直是人们努力的重大方向。当前出现代表新一代人工智能的工具，如ChatGPT、

AutoGPT和GPT-4、GPT-5等，给我们提供了前所未有的新途径，同时也对人类本身形成了威胁，在有些方面甚至是巨大威胁。

一、ChatGPT、AutoGPT 等对商业巨头的冲击

ChatGPT、GPT-4和AutoGPT的相继出现，对科技巨头（更不用说众多大中型实体了）形成了巨大的冲击，这里仅仅以ChatGPT为例来简单谈谈。

据《纽约时报》报道，2022年12月下旬，由于ChatGPT在全球爆红，引发了谷歌CEO孙达尔·皮柴（Sundar Pichai）在公司内部发布“红色警报”（code

ECHNOLOGY

The New York Times

business strategies, Christmas gift suggestions, blog topics and vacation plans.

Although ChatGPT still has plenty of room for improvement, its release led Google's management to declare a "code red." For Google, this was akin to pulling the fire alarm. Some fear the company may be approaching a moment that the biggest Silicon Valley outfits dread — the arrival of an enormous technological change that could upend the business.

图12-1　ChatGPT让谷歌拉响“红色警报”

（图片来源：谷歌官网）

red），如图12-1所示。

谷歌CEO孙达尔·皮柴及所有高层在ChatGPT刚刚上市的时候不以为意，然而仅仅不到一个月后，他们的态度就180度大转弯。这次在公司内部拉响“红色警报”，在硅谷就意味着拉响了“火警”。其研究、信任和安全部门及其他部门的团队，已被指示转换工作方向，以协助开发和推出人工智能原型和产品，其中就包括AI绘画等相关方向，与OpenAI的DALL-E类似。一些专家认为，谷歌可能会由此专注于改进其搜索引擎，而不是将引擎下架。[①]

众所周知，目前搜索引擎都配备了语音搜索按钮，但实际使用的人一直不多。各大语音助手Siri、小娜、小冰、小度、Alexa等都必须接入搜索，或者直接由搜索引擎开发，但用户体验一直不温不火，只是在使用智能音箱或开车期间等有限场景小范围替代搜索框。而连续“一问一答以至追根求源”的ChatGPT的方式，可能探索出新的搜索模式。

---

① 吴天一：《ChatGPT将代替搜索引擎？谷歌内部发红色警报》，澎湃新闻，2022年12月23日，https://m.thepaper.cn/rss_newsDetail_21282873。

这种“新的搜索模式”可能是谷歌如此紧张的重要原因之一。因为传统的搜索引擎需要在千万词条和广告中浏览选择，而聊天机器人只需一问一答就可输出结果，这是一种范式转换（虽然还只是预期，谈替代还为时过早），同时会影响谷歌的广告收入（2021年谷歌广告收入高达2080亿美元）。[①]

实际上，不仅谷歌感到紧张，包括OpenAI投资者之一微软在内的互联网商业巨头都感到很紧张，正如本书第一章中所描述的那样：

> 北京时间2023年2月7日凌晨，谷歌突然发布了基于LaMDA大模型的下一代对话AI系统Bard。第二天，同样是凌晨，微软也宣布推出由ChatGPT支持的最新版本必应搜索引擎和Edge浏览器，并宣称必应构建在下一代大型语言模型上，比ChatGPT更强大，并且能帮助其利用网络知识与OpenAI技

① 吴天一：《ChatGPT将代替搜索引擎？谷歌内部发红色警报》，澎湃新闻，2022年12月23日，https://m.thepaper.cn/rss_newsDetail_21282873。

术进行智能对接。……

科技巨头百度实在坐不住了，2月8日不得不出来回应，官宣其文心一言自然语言项目，计划在3月完成内测，随后对公众开放。

24小时之内，三家科技巨头齐身入局，抢占高地。

在国外，此前力推元宇宙的Meta态度明显改变，扎克伯格（Mark Elliot Zuckerberg）在2022年度报告投资者电话会议上表示："我们的目标是成为一代人工智能的领导者。"2023年1月11日，微软联合创始人比尔·盖茨（Bill Gates）在Reddit AMA的问答帖中表示，他不太看好Web3.0和元宇宙，但认为人工智能是"革命性"的，对OpenAI的ChatGPT印象深刻，并且准备再向OpenAI投资100亿美元。1月23日，福布斯发布消息对谷歌进一步报道，说谷歌创始人拉里·佩奇（Larry Page）和谢尔盖·布林（Sergey Brin）已经回到谷歌，将全力支持开发AI，并表示即使广告收入受到影响也在所不惜。2月3日，据《日本经济新闻》报道，特斯拉将在硅谷中部设立一个大型办事处，该公司正在该地区开展一项大规模的IT人才招聘活动，旨在帮助特斯拉加快开发自动驾驶等人工智能技术。

在国内，早前传出360公司拟投资200多亿元资金进行类ChatGPT技术的研究。另外，从2023年2月起，百度、阿里、腾讯、京东、字节跳动等纷纷发声，表示自己在大模型领域（ChatGPT模型背后重要的支撑框架）已经开展了深入研究，并且获得了很多成果。一时间，追逐ChatGPT及大模型成了国内AI行业的标准动作，似乎下一阶段大有“全民大模型，ChatGPT进万家”的架势。

二、ChatGPT、AutoGPT 等对工种岗位的冲击

ChatGPT、GPT-4和AutoGPT的出现，标志着人工智能技术与工具取得革命性的进展。这种智能趋势，颠覆了过往传承下来的众多认知，同时也对以往人们一直认为不可替代的行业与工种提出挑战，直接对人们的生

存与依赖形成了巨大冲击和威胁。这里以ChatGPT为例来谈谈。

比如，通过ChatGPT做作业、写文章、算算术等，学生不需要怎么努力就能轻而易举地获得高分，似乎让学习变得“不再有意义”。又比如在编程领域，ChatGPT短短三分钟时间就写出一个小程序，而这个程序却是程序员至少三天的工作量；由此，人们担心如果用ChatGPT发动网络攻击，根本防不胜防，因为它的编程速度太快。

此外，ChatGPT通过了沃顿商学院MBA考试，通过了美国执业医师资格考试（这个考试即使学霸也需要通过四年的医学学习和两年的临床学习才可能通过），通过了年薪18.3万美元的谷歌三级工程师面试，等等。[①]

网络媒体Insider在与专家交谈和研究后，整理了一份被ChatGPT等人工智能技术取代风险最高的工作类型

① 田宇洲:《未来已来，ChatGPT可能从这12个方面彻底改变我们的工作和生活》，搜狐，2023年2月15日，https://www.sohu.com/a/641282718_114819。

清单，参见表12-1。①

表12-1 ChatGPT等AI工具最容易替代的工种

类型	工种	原因
技术类	程序员、软件工程师、数据分析师、网络开发人员、计算机程序员、编码员、数据科学家等	ChatGPT等AI工具擅长相对准确地处理数字，例如编码和计算机编程等。
媒体类	广告、技术写作、新闻编辑及任何涉及内容创作的角色	ChatGPT等AI工具能够很好地阅读、写作和理解基于文本的数据。
法律类	律师助理、法律助理等	ChatGPT等AI工具综合自己学到的知识，通过撰写法律摘要或意见，可使内容更易于理解。
研究分析类	市场数据分析师等	ChatGPT等AI工具擅长分析数据和预测结果。
教育类	教师、培训工作者等	ChatGPT等AI工具可存储海量知识。
金融类	金融分析师、个人财务顾问等	ChatGPT等AI工具擅长依据数据预测更好的投资组合。
交易类	投行操盘手、交易员等	ChatGPT等AI工具擅长做各种Excel表格和交易操作。
设计类	建筑、装修、服饰等平面设计师	OpenAI创建的图像生成器DALL-E可以在几秒钟内生成图像。
财务类	会计师、出纳、收银员等	ChatGPT等AI工具擅长数据处理、记账等。
服务类	客服人员、咨询人员、翻译、语音助手等	有研究显示，到2027年，聊天机器人将成为约25%的公司的主要客户服务渠道。

① 韩旭阳：《ChatGPT最可能取代的10种工作》，搜狐，2023年2月16日，https://www.sohu.com/a/641625817_121123800。

上述分析仅仅是ChatGPT可能带来的威胁，而在ChatGPT现身仅仅4个月后，一切事态又飞速地发生了变化。

GPT-4巨大的知识信息库及其凝聚的科学技术所具有的众多强大功能，直接碾压ChatGPT。由此可知，上述这些由ChatGPT形成的对人类工种和岗位的冲击和威胁将会如何被放大。那么，之后的GPT-5、GPT-6时代，又将会是怎样的情形呢？

特别是诸如AutoGPT、BabyAGI、Teenage AGI这些自主人工智能工具的出现和迭代，如同给GPT-4、GPT-5等超级智能大模型安装上了“身体”和“四肢”，并注入了“思想”，完全可以把它们当成“超级AI员工”。这样的“超级AI员工”在整合了GPT-5、GPT-6等超级大模型的各类知识、信息和功能后，将会变成超级“通用型”智能体。在不久的将来，这些“超级AI员工”将被广泛地应用于各种领域，数以亿计的打工人岗位很可能被替代。也就是说，未来绝大多数领域可能只需拥有“超级AI员工”就够了。

三、面对威胁，人类何去何从

由前文分析可以看出，ChatGPT、AutoGPT和GPT-4、GPT-5等AI工具（以下简称“强大的AI工具”）有三大能力远远超过人类[①]：一是，在实时数据收集、数据分析方面占有绝对优势，有着强大的数据处理能力；二是，虽然有类似人的“思想”，但没有情感，一旦目标设定，几乎不会受到外界任何因素的干扰，具有超强的专注力；三是，高效多任务并行处理能力十分突出，远超人类。

虽然如此，但是“强大的AI工具”由于没有灵魂，不具有真正的思想，在情感共鸣、创新、关怀等方面是很难达到人类水平的。“强大的AI工具”做不到比肩人类的水准，具体来说：

1. 创造力和创新能力。历史上，蒸汽机、电力、信息技术、人工智能、大数据及“强大的AI工具”都是人类创新的产物。人类能够提出新的想法，发明新技术，这是“强大的AI工具”无法取代的。

---

①《这十类工作将被ChatGPT取代！具备这五大关键能力，不惧AI》，叶秋花夏，2023年2月6日，https://baijiahao.baidu.com/s?id=1757000618286337437&wfr=spider&for=pc。

2．情感交流。“强大的AI工具”可以处理自然语言并与人类进行交互，但是它只是按照程序规则并通过学到的知识去交流表达，而无法感受到快乐、悲伤、恐惧或爱，也无法理解和回应人类情感上的需求，这些是人类在灵魂层面所具有的能力。

3．责任感。“强大的AI工具”在处理一些具体工作的时候，不具备人类个体的责任感与责任匹配。也就是说，它无法对其所完成的工作负责，相反，它的工作责任会落在人的身上。

4．直觉和道德判断。“强大的AI工具”基于训练和数据做出决策和预测，无法像人类那样考虑道德和伦理等原则，并依赖经验和直觉做出决策。另外，在现实事件处理的过程中，道德与法律常常是两难问题，有经验的法官通常会做出既符合人性又不违反法律的判决，而ChatGPT等AI工具是无法做到的。

5．智慧。人类有智慧，可以思考问题，创造未来；而“强大的AI工具”只能根据给定的程序做出反应。

6. 社交能力。“强大的AI工具”只能模仿人类的社交行为；而人类的社交则千变万化。

总之，“强大的AI工具”逐渐替代人类部分甚至大部分工作岗位已是大势所趋；但是，人类具有创造力、情感、责任、直觉和道德等人工智能不可能具备的独特优势，长期来看，依靠这些优势，人类才能与“强大的AI工具”抗衡，并利用它创造更好的生活。

当然，从“强大的AI工具”现有能力来看，它还有很多局限，当涉及感知和操作能力、创造智慧和社交智慧等技术时就无能为力。但是，有很多人认为，人工智能和“强大的AI工具”还在发展，随着自身不断成长，它能够在已经触及的领域发挥更大的作用。

四、人类应对策略和需要具备哪些能力

面对“强大的AI工具”的威胁，人们需要具备五大关键能力[①]，才能在学习、工作与生活中获得竞争优势，

①《这十类工作将被ChatGPT取代！具备这五大关键能力，不惧AI》，叶秋花夏，2023年2月6日，https://baijiahao.baidu.com/s?id=1757000618286337437&wfr=spider&for=pc。

详见表12-2。

表12-2　面对"强大的AI工具"的威胁，人们需要具备的能力

关键能力		细分	解读
1	成为领域内的顶级专业人才	领域内的顶级人才最安全	包括前瞻性眼光、聚焦目标、勇于创新创造、从不给自己设限等。三个努力方向：一是在细分领域上不断提升专业知识、技能，实践并积累经验，不断精进；二是不断学习、吸收所在领域前辈的经验、知识和技能；三是热爱所在的领域，持久保持热情和专注力。
		两种重要素质体现专业性	两种重要素质：一是具有不被AI轻易淘汰的技能、技巧和创造性的工作能力；二是让自己走上领域尖端的基本保障，即职业操守和责任感。
		能力会被AI拥有，但业绩不会	AI可以具备人的能力，但是取代不了人们在工作中创造的业绩。职场人士应刻意培养自己的业绩意识，努力创造更好的业绩。
		寻找优秀导师，获得最佳技能和思维方式	一般来说，优秀导师具备两个特征：一是有高超的技能和思维水平；二是有责任感，会鞭策人。找到优秀导师并向其学习，是获得最佳技能和思维方式的重要途径。
		日常学习的巨大价值	空闲时间的日常学习能够帮助我们创造的价值远超想象，也是拉开人与人之间巨大差距的主要原因。顶级人才通常会充分利用空闲时间学习、成长、积蓄能量。
		培养高维思维，敢于拥抱变化	通过培养大局意识，有意识地提升个人知识、经验和智慧，大事着眼、小事着手等方法来增强高维思维特质。多参加富有挑战性的项目，扩大交际圈，不断反省和复盘，不断增强自己拥抱变化的能力。

续表

关键能力		细分	解读
2	社交能力和情感共鸣能力并重，打造过硬的人际交往能力	提升情感共鸣的人际交往能力，拉开与ChatGPT等AI工具的差距	人类情感具有复杂性、不确定性、及时性等特征，而AI很难读懂人类深层次的情感，更无法拥有人类的情感共鸣能力。这是人类独有的优势，我们需要有意识地提高这方面的能力，诸如情绪变化、肢体动作等互动与回应。
		表达与倾听并重的交流是关键	人际交往是一个双向过程，有表达也有反馈。只有认真倾听才能促进双方更好地表达，进而使交流更加顺利地进行。
		领悟他人话语含义是提升社交技能的关键	拥有领悟他人话语含义的能力，是我们与ChatGPT等AI工具拉开距离的关键。要领悟他人话语含义，认真倾听是前提，同时学会从客观事实、主观认识及情绪等方面去判断、领悟对方说话的意图。
		人与人之间的交流，理解对方往往比说服对方更重要	一般来说，只有理解对方当下的身心状态，彼此才能产生情感共鸣，才能有继续交流的话题。三种常见理解方式：一是在对方身上找到相似性的融合型理解能力；二是“跳出自我，接受他人”的接受型理解能力；三是“推己及人”的移情型理解能力。
		善于与人相处，顾及他人感受	善于与人相处、顾及他人感受是我们在交流方面相对于ChatGPT等AI工具的优势。在交流中，要尊重别人的观点，寻找共同点，学会放低姿态，拉近彼此距离。

续表

关键能力		细分	解读
3	做好员工的组织管理与心理咨询、疏导	做好激发员工工作热情和积极性的情感管理	这是人类相比于ChatGPT等AI工具所具备的重要优势。对于管理者而言，不仅要关注员工的业绩，更要关注员工情感层面的需求，并要采取相应的措施，尽力满足员工情感层面的需求。
		重塑管理心态，帮助员工成长	管理者要帮助员工成长，抛掉“教会徒弟，饿死师父”的心理；同时适当给员工压力，提高其学习动力和积极性，培养员工独立思考的习惯。
		让员工感受到信赖	管理者只有相信员工可以做到，才能放心让员工去做，员工的潜能才能得到更好的发挥，企业才能得到更快的发展。
		向员工传递赞赏和认可	用描述性语言告诉员工好在哪里、棒在哪里，用具体行动直接或间接向员工表明赞赏，例如给予物质奖励、让员工做有挑战性的工作等。
		重视员工的心理健康，了解心理学知识	AI时代，竞争异常激烈，高压状态很容易导致员工产生情感耗竭、去人格化、个人成就感降低等心理问题。这时，员工需要的是能够洞察他们内心需求的管理者。

续表

关键能力		细分	解读
4	应对未来变化，需要终身学习	危机往往是成长的契机，适度的紧张感值得珍惜	面对危机，积极主动地采取应对措施，保持适度的紧张感，时刻提醒自己危机的存在并想办法解除危机，从而帮助自己或企业获得新的机遇。
		主动吸引与被动改变，前者更容易成功	了解自己在AI时代有哪些优势，明确自己应该向哪个方向改变，借助优势顺势而为。懂得并善于灵活改变自己，往往能获得更多的发展机会。
		激发潜能，引爆驱动力	战胜AI并应对未来变化的有力武器，就是激发潜能，引爆驱动力。有以下方法：一是主动选择自己感兴趣的事情；二是让自己专注地做好每件事；三是有超越自己渴望的目标。
		开发大脑的无限潜力，启动深度思考力	开发大脑的无限潜力，启动深度思考力，是渡过AI带来的失业危机的必备技能。思考力可以分为结构化思维、批判性思维、创新性思维，快速认知事物全貌，并对已有结论进行批判性思考，之后便会产生问题，由此才能产生创造力，提出解决问题的方案。
		打造行动力，付出脚踏实地的努力	脚踏实地的努力是用行动来实现的。打造强大的行动力，要做好三件事：一是建构大梦想，具象化、场景化；二是明确小目标，遵循SMART原则，即具体、可衡量、可实现、关联性、有时限；三是克服行动障碍，但要秉持先完成再完善的原则。
		让语言更具影响，重塑表达力	取得成绩后，还要学会表达、分享，这样才能使自己或团队的能力呈螺旋式上升。
		扩展阅读深度与宽度，提升阅读力	为了能够在瞬息万变的AI时代更好地应对未来，我们需要培养阅读兴趣，提高阅读速度，打破阅读边界，不断提升阅读力，在书本中获得更多的间接经验。

续表

关键能力		细分	解读
5	人机协作，掌握人与AI的融合技能		在AI时代，要懂得将“人工”和“智能”两者结合，并且要学会借助AI工具和产品辅助自己工作，提升工作效率。这才是AI存在的意义和价值，也是人类开发、设计AI的最终目的。